化学工业出版社"十四五"
普通高等教育规划教材

生态素质
教育系列

华南区引鸟植物
与生态景观构建

林石狮　朱济姝　罗　连　主编

U0389704

化学工业出版社
·北京·

内容简介

　　本书聚焦华南区引鸟植物，提供了一系列引鸟植物的筛选、配置、工程实践的案例与分析，如作者团队利用冬红 *Holmskioldia sanguinea* 的生态景观营造实践即为一个低成本、操作性强的成功案例。这种易于复制的植物配置案例，是相关专业学生和从业人员最容易切入的一个抓手，本书适合生态景观构建相关从业人员、自然爱好者、生态志愿者等阅读参考。

图书在版编目（CIP）数据

　　华南区引鸟植物与生态景观构建/林石狮，朱济姝，罗连主编．—北京：化学工业出版社，2023.1
　　（生态素质教育系列）
　　ISBN 978-7-122-42447-1

　　Ⅰ.①华… Ⅱ.①林…②朱…③罗… Ⅲ.①景观设计-研究-华南地区 Ⅳ.①TU986.2

　　中国版本图书馆CIP数据核字（2022）第201121号

责任编辑：李　丽　　　　　　　　　　　　装帧设计：张　辉
责任校对：刘曦阳

出版发行：化学工业出版社（北京市东城区青年湖南街13号　邮政编码100011）
印　　刷：三河市航远印刷有限公司
装　　订：三河市宇新装订厂
850mm×1168mm　1/32　印张7¼　字数190千字　2023年1月北京第1版第1次印刷

购书咨询：010-64518888　　　　　　　　售后服务：010-64518899
网　　址：http://www.cip.com.cn
凡购买本书，如有缺损质量问题，本社销售中心负责调换。

定　　价：49.00元　　　　　　　　　　　　　　版权所有　违者必究

本书
编写人员名单

主　编　林石狮　朱济姝　罗　连

副主编　林晓雯　郭　微　李远航

编著者（以姓氏拼音为序）

陈洁宇　陈　平　陈晓熹　邓　星

丁明艳　丁　鑫　冯　霞　甘俊深

胡柳柳　胡巧萍　胡　秀　何淑兴

何卓彦　黄丹丹　井相森　赖奕超

李飞飞　李铭栋　李朋远　李　涛

李晓泳　李永泉　连舜秋　梁晓彤

林杏莉　林真光　刘　瑛　龙丹丹

罗国良　邱敏婷　任随周　荣亮亮

施　诗　苏洪林　孙延军　孙芝倩

汤　聪　唐　欣　王龙远　伍　佳

肖嘉杰　谢　彬　杨慧君　战国强

张启琦　张娅欣　张炎晶　钟　兰

摄　影　林石狮　罗　连　苏洪林

设　计（以姓氏拼音为序）

黄丹丹　梁晓彤　林晓雯　谭雅璐

前 言

华南区引鸟植物
与生态景观构建

　　随着我国生态文明建设的逐步深入，生态景观特别是城市野生动物栖息地构建工作的价值逐步体现，并被认为可有效促进广东省优质特色生态产品开发，推进珠三角国家级森林城市群建设，完善华南区生态安全网络格局，提升整体生态价值。

　　编写组立足华南区，长期开展生态景观相关工作的研究与实践，力求探索出一套适用于构建野生动物友好型城市生态栖息地的方法，并将研究成果逐步推广应用。笔者在具体实践中发现，科学而合适的植物配置，尤其是引鸟植物的筛选、配置、工程实践可有效提高城市野生动物栖息地的落地概率，如编写组的优良鸟类食源植物冬红 *Holmskioldia sanguinea* 的生态景观营造实践即为一个低成本、操作性强的成功案例；而这种易于复制的植物配置案例，也是相关专业学生、从业人员最容易切入的一个抓手。

　　因此，编写组聚焦华南区引鸟植物，提供了一系列可用于引鸟，乃至吸引其他多种动物的植物种类和基本信息，希望能够对相关从业人员、学生、自然爱好者、生态志愿者有一定启发。本书也适合大专院校师生使用，共同为未来各大城市群特别是华南区城市的生态绿地价值提升、生态安全网络建设提供小小助力。

　　本书的出版离不开学院领导的大力支持，以及系部诸多老师、学生及同行的支持，尤其是邢福武前辈、凡强师兄提供了重要的资料照片，在此衷心感谢！

　　限于编写组成员水平有限和生态建设的快速发展，本书的疏漏之处在所难免，敬请各位读者批评指正。

编者

2022年10月

目　录　华南区引鸟植物与生态景观构建

第1章

我国华南区主要公园栖息地鸟类调查

1.1　调查地点

课题组对华南区9个城市公园进行鸟类调查，分别是荔枝公园、大运公园、洪湖公园、梅林公园、笔架山公园、莲花山公园、宝安公园、园博园和大沙河公园。简单区分为3个类型，分别为：城市平地类、城市山体类和城市河流类，绿化情况都较好，水体面积不等，具有较好的比较和参考价值。公园类型见表1-1：

表 1-1　调查公园类型

序号	名称	类型	绿化情况	水体情况
1	荔枝公园		优良，大量大树	中等面积水体
2	大运公园	城市平地类	较新，群落演替中	小面积水体
3	洪湖公园		优良，大量大树	大面积水体

序号	名称	类型	绿化情况	水体情况
4	梅林公园		优良，有山体人工林	靠近梅林水库
5	笔架山公园		优良，有山体人工林	中等面积水体
6	莲花山公园	城市山体类	优良，有山体人工林	中等面积水体
7	宝安公园		一般，有山体人工林	无
8	园博园		优良，有山体人工林	小面积水体
9	大沙河公园	城市河流类	较新，群落演替中	紧靠大沙河

1.2 调查方法

按照鸟类的生活习性及华南区的实际情况，具体调查时间为上午8点30分至11点30分。在项目地内用25～30米/分钟的速度步行，沿着山路记录两侧及空中见到和听到的鸟类及其数量。已记录过的，从后往前飞的种类不再计数。同时，由于华南区有数量、种类较多的候鸟，在较短的调查时间内无法获得全面的数据；因此，参考华南各市的动物资源调查数据，作为本次调查的辅助记录。

根据某种鸟在调查期间每次记录到的个体总计数（N），与中调查的总天数（D），以及记录到某种鸟的天数（d），用公式：RB =（N/D）×（d/D）计算出记录到的鸟类频率指数估计值。RB ≥ 5的为优势种，5 > RB ≥ 0.5的为普通种，RB < 0.5的为少见种。

按照课题组的实际记录，在不考虑华南区观鸟记录及其他印证文献的基础上，获得华南区9个城市公园的鸟类多样性数据。

1.3　调查结果

在实际调查过程中，在9个公园中初步发现共101种鸟类，隶属于13个目36科72属，其中包括了大量具有景观价值的种类。

1.3.1　居留类型和特有种

经实际观察，白鹭 *Egretta garzetta*，大白鹭 *Casmerodius albus*，池鹭 *Ardeola bacchus*，夜鹭 *Nycticorax nycticorax* 的居留情况较为复杂，有部分种群是留鸟，部分种群是冬候鸟。同时有些鸟类在本地理区是留鸟，但在华南区是候鸟，如黑冠鹃隼 *Aviceda leuphotes*、红隼 *Falco tinnunculus*。

据此，以101种鸟类进行分析，共有留鸟（Resident）53种，占总数的52.5%；冬候鸟（Winter visitor）26种，占25.7%；夏候鸟（Summer visitor）13种，占12.9%；过境鸟（Passage migrant）包括仅在春秋两季过境的鸟类9种，占8.9%。

1.3.2　珍稀濒危物种

记录有国家Ⅱ级重点保护野生鸟类共有10种，包括隼形目、鸮形目所有鸟类和褐翅鸦鹃 *Centropus sinensis*，褐翅鸦鹃在多个公园容易见到，显示其种群数量较大。

记录有CITES附录Ⅱ鸟类11种，包括隼形目、鸮形目所有鸟类以及画眉 *Garrulax canorus*、红嘴相思鸟 *Leiothrix lutea*。无IUCN受胁鸟类。中国物种红色名录中近危（NT）5种，为褐翅鸦鹃、喜鹊 *Pica pica*、画眉、红嘴相思鸟、树麻雀 *Passer montanus*。国家"三有"动物69种。广东省省级保护动物3种：黑水鸡 *Gallinula chloropus*、红嘴相思鸟、黑尾蜡嘴雀 *Eophona migratoria*。华南区9个城市公园鸟类整体多样性见表1-2：

表 1-2　华南区 9 个城市公园鸟类整体多样性

物种 Specie	IUCN	国家重点保护野生动物名录	CITES	"三有"动物	省级保护	整体资源状况
1. 鹛䴙目 Podicipediformes						
1.1 鹛䴙科 Podicipedidae						
① 小鹛䴙 *Tachybaptus ruficollis*				√		++
2. 鹳形目 Ciconiiformes						
2.1 鹭科 Ardeidae						
② 大白鹭 *Casmerodius albus*				√		+
③ 小白鹭 *Egretta garzetta*				√		++
④ 池鹭 *Ardeola bacchus*				√		++
⑤ 夜鹭 *Nycticorax nycticorax*				√		+
3. 鹤形目 Gruiformes						
3.1 秧鸡科 Rallidae						
⑥ 黑水鸡 *Gallinula chloropus*				√	√	++
⑦ 白胸苦恶鸟 *Amaurornis phoenicurus*				√		++
4. 鸻形目 Charadriiformes						
4.1 鹬科 Scolopacidae						
⑧ 扇尾沙锥 *Gallinago gallinago*				√		+
⑨ 矶鹬 *Actitis hypoleucos*				√		+
⑩ 白腰草鹬 *Tringa ochropus*				√		+
⑪ 青脚鹬 *Tringa nebularia*				√		+
4.2 鸻科 Charadriidae						
⑫ 金眶鸻 *Charadrius dubius*						+

续表

物种 Specie	IUCN	国家重点保护野生动物名录	CITES	"三有"动物	省级保护	整体资源状况
5. 隼形目 Falconiformes						
5.1 鹰科 Accipitridae			II			
⑬ 黑冠鹃隼 *Aviceda leuphotes*			II			+
⑭ 黑耳鸢 *Milvus migrans*			II			++
⑮ 普通鵟 *Buteo buteo*			II			+
⑯ 凤头鹰 *Accipiter trivirgatus*			II			+
5.2 隼科 Falconidae						
⑰ 红隼 *Falco tinnunculus*			II			+
⑱ 游隼 *Falco peregrinus*			II			+
6. 鸽形目 Columbiformes						
6.1 鸠鸽科 Columbidae						
⑲ 珠颈斑鸠 *Streptopelia chinensis*				√		+++
⑳ 山斑鸠 *Streptopelia orientalis*						+
7. 鹃形目 Cuculiformes						
7.1 杜鹃科 Cuculidae						
㉑ 褐翅鸦鹃 *Centropus sinensis*		II				+
㉒ 八声杜鹃 *Cacomantis merulinus*				√		+
㉓ 鹰鹃 *Hierococcyx sparverioides*				√		++
㉔ 噪鹃 *Eudynamys scolopacea*				√		+

续表

物种 Specie	IUCN	国家重点保护野生动物名录	CITES	"三有"动物	省级保护	整体资源状况
8. 鸮形目 Strigiformes						
8.1 鸱鸮科 Strigidae						
㉕ 领角鸮 Otus bakkamoena			Ⅱ			+
㉖ 领鸺鹠 Glaucidium brodiei			Ⅱ			+
9. 雨燕目 Apodiformes						
9.1 雨燕科 Apodidae						
㉗ 小白腰雨燕 Apus affinis				√		+++
㉘ 白腰雨燕 Apus pacificus				√		++
10. 佛法僧目 Coraciiformes						
10.1. 翠鸟科 Alcedinidae						
㉙ 普通翠鸟 Alcedo atthis				√		++
㉚ 白胸翡翠 Halcyon smyrnensis						+
㉛ 蓝翡翠 Halcyon pileata						
11. 鴷形目 Piciformes						
11.1 须鴷科 Megalaimidae						
㉜ 大拟啄木鸟 Megalaima virens				√		+
12. 雀形目 Passeriformes						
12.1 燕科 Hirundinidae						
㉝ 金腰燕 Hirundo daurica				√		++
㉞ 家燕 Hirundo rustica				√		++

续表

物种 Specie	IUCN	国家重点保护野生动物名录	CITES	"三有"动物	省级保护	整体资源状况
12.2 鹡鸰科 Motacillidae						
㉟ 白鹡鸰 *Motacilla alba*				√		+++
㊱ 灰鹡鸰 *Motacilla cinerea*				√		++
㊲ 黄鹡鸰 *Motacilla*						
㊳ 树鹨 *Anthus hodgsoni*				√		+
㊴ 理氏鹨 *Anthus richardi*						+
12.3 山椒鸟科 Campephagidae						
㊵ 灰喉山椒鸟 *Pericrocotus solaris*				√		++
12.4 叶鹎科 Chloropseidae						
㊶ 橙腹叶鹎 *Chloropsis hardwickii*				√		+
12.5 鹎科 Pycnonotidae						
㊷ 白头鹎 *Pycnonotus sinensis*				√		+++
㊸ 红耳鹎 *Pycnonotus jocosus*				√		+++
㊹ 白喉红臀鹎 *Pycnonotus aurigaster*				√		++
㊺ 栗背短脚鹎 *Hemixos castanonotus*				√		+
㊻ 黑鹎 *Hypsipetes leucocephalus*						+
12.6 伯劳科 Laniidae						
㊼ 棕背伯劳 *Lanius schach*				√		+++
㊽ 红尾伯劳 *Lanius cristatus*				√		+

续表

物种 Specie	IUCN	国家重点保护野生动物名录	CITES	"三有"动物	省级保护	整体资源状况
12.7 鸦科 Corvidae						
㊾ 大嘴乌鸦 *Corvus macrorhynchos*						
㊿ 喜鹊 *Pica pica*				√		++
○51 红嘴蓝鹊 *Urocissa erythrorhyncha*				√		++
12.8 卷尾科 Dicruridae						
○52 发冠卷尾 *Dicrurus hottentottus*				√		+
○53 黑卷尾 *Dicrurus macrocercus*				√		+
12.9 鸫科 Turdidae						
○54 蓝歌鸲 *Luscinia cyane*				√		+
○55 红尾歌鸲 *Luscinia sibilans*				√		+
○56 蓝喉歌鸲 *Luscinia svecica*				√		+
○57 北红尾鸲 *Phoenicurus auroreus*				√		+
○58 红胁蓝尾鸲 *Tarsiger cyanurus*				√		++
○59 紫啸鸫 *Myophonus caeruleus*						+
○60 鹊鸲 *Copsychus saularis*				√		+++
○61 灰背鸫 *Turdus hortulorum*				√		++
○62 乌灰鸫 *Turdus cardis*				√		++
○63 乌鸫 *Turdus merula*						+
○64 虎斑地鸫 *Zoothera dauma*				√		+
○65 黑喉石䳭 *Saxicola torquata*				√		+

续表

物种 Specie	IUCN	国家重点保护野生动物名录	CITES	"三有"动物	省级保护	整体资源状况
12.10 鹟科 Muscicapidae						
⑥⑥ 北灰鹟 *Muscicapa dauurica*				√		+
⑥⑦ 黄眉姬鹟 *Ficedula narcissina*				√		+
⑥⑧ 白腹姬鹟 *Cyanoptila cyanomelana*						+
⑥⑨ 海南蓝仙鹟 *Cyornis hainanus*						+
12.11 王鹟科 Monarchinae						
⑦⓪ 寿带 *Terpsiphone paradisi*				√		+
12.12 扇尾莺科 Cisticolidae						+
⑦① 纯色鹪莺 *Prinia inornata*						+
⑦② 黄腹鹪莺 *Prinia flaviventris*						++
⑦③ 棕扇尾莺 *Cisticola juncidis*						+
12.13 莺科 Sylviidae						
⑦④ 远东树莺 *Cettia canturians*						+
⑦⑤ 长尾缝叶莺 *Orthotomus sutorius*						+++
⑦⑥ 黄腰柳莺 *Phylloscopus proregulus*				√		++
⑦⑦ 黄眉柳莺 *Phylloscopus inornatus*				√		++
12.14 画眉科 Timaliidae						
⑦⑧ 画眉 *Garrulax canorus*			II	√		++
⑦⑨ 黑脸噪鹛 *Garrulax perspicillatus*				√		++
⑧⓪ 黑领噪鹛 *Garrulax pectoralis*				√		++

续表

物种 Specie	IUCN	国家重点保护野生动物名录	CITES	"三有"动物	省级保护	整体资源状况
⑧ 黑喉噪鹛 *Garrulax chinensis*				√		+
⑧ 红嘴相思 *Leiothrix lutea*			Ⅱ	√	√	+
⑧ 灰眶雀鹛 *Alcippe morrisonia*						++
12.15 山雀科 Paridae						
⑧ 大山雀 *Parus major*				√		+++
⑧ 黄颊山雀 *Parus spilonotus*				√		+
12.16 啄花鸟科 Dicaeidae						
⑧ 朱背啄花鸟 *Dicaeum cruentatum*						+++
⑧ 红胸啄花鸟 *Dicaeum ignipectus*						+++
12.17 花蜜鸟科 Nectariniidae						
⑧ 叉尾太阳鸟 *Aethopyga christinae*				√		+++
12.18 绣眼鸟科 Zosteropidae						
⑧ 暗绿绣眼鸟 *Zosterops japonicus*				√		+++
12.19 椋鸟科 Sturnidae						
⑨ 八哥 *Acridotheres cristatellus*				√		+
⑨ 丝光椋鸟 *Sturnus sericeus*				√		+++
⑨ 灰椋鸟 *Sturnus cineraceus*				√		+
⑨ 灰背椋鸟 *Sturnus sinensis*				√		+
⑨ 黑领椋鸟 *Sturnus nigricollis*				√		+

续表

物种 Specie	IUCN	国家重点保护野生动物名录	CITES	"三有"动物	省级保护	整体资源状况
12.20 雀科 Passeridae						
⑨⑤ 树麻雀 *Passer montanus*				√		+++
12.21 梅花雀科 Estrildidae						
⑨⑥ 白腰文鸟 *Lonchura striata*						+++
⑨⑦ 斑文鸟 *Lonchura punctulata*						++
12.22 燕雀科 Fringillidae						
⑨⑧ 金翅雀 *Carduelis sinica*				√		+
⑨⑨ 黑尾蜡嘴雀 *Eophona migratoria*						
12.23 鹀科 Emberizidae						
√ 白眉鹀 *Emberiza tristrami*				√		+
√ 灰头鹀 *Emberiza spodocephala*				√		+

注：IUCN表示濒危物种红色名录等级；CITES表示濒危野生动植物种国际贸易公约；"Ⅱ"表示等级2；"√"表示是；"+"表示少见；"++"表示常见；"+++"表示优势。

1.3.3　鸟类在城市公园内的分布

按照课题组的实际记录，考察的华南区9个城市公园的鸟类分布如表1-3：

表 1-3　华南区 9 个城市公园的鸟类空间分布

物种 Specie	荔枝公园	洪湖公园	梅林公园	笔架山公园	大沙河公园	园博园	莲花山公园	宝安公园	大运公园
1. 䴙䴘目 Podicipediformes									
1.1 䴙䴘科 Podicipedidae									
① 小䴙䴘 *Tachybaptus ruficollis*	+	++			+				
2. 鹳形目 Ciconiiformes									
2.1 鹭科 Ardeidae									
② 大白鹭 *Casmerodius albus*		+			++				
③ 小白鹭 *Egretta garzetta*	++	++		+	++	+			
④ 池鹭 *Ardeola bacchus*	+	++			++	+	+		
⑤ 夜鹭 *Nycticorax nycticorax*		+			+		+		
3. 鹤形目 Gruiformes									
3.1 秧鸡科 Rallidae									
⑥ 黑水鸡 *Gallinula chloropus*	+	+				+			
⑦ 白胸苦恶鸟 *Amaurornis phoenicurus*	+	+		+		+			
4. 鸻形目 Charadriiformes									
4.1 鹬科 Scolopacidae									
⑧ 扇尾沙锥 *Gallinago gallinago*		+			+				
⑨ 矶鹬 *Actitis hypoleucos*		+		+	+		+		
⑩ 白腰草鹬 *Tringa ochropus*		+			+	+			
⑪ 青脚鹬 *Tringa nebularia*					+				

续表

物种 Specie	荔枝公园	洪湖公园	梅林公园	笔架山公园	大沙河公园	园博园	莲花山公园	宝安公园	大运公园
4.2 鸻科 Charadriidae									
⑫ 金眶鸻 *Charadrius dubius*		+			+				
5. 隼形目 Falconiformes									
5.1 鹰科 Accipitridae									
⑬ 黑冠鹃隼 *Aviceda leuphotes*				+					
⑭ 黑耳鸢 *Milvus migrans*		+	+	+	+	+	+		+
⑮ 普通鵟 *Buteo buteo*					+	+			
⑯ 凤头鹰 *Accipiter trivirgatus*					+	+	+		
5.2 隼科 Falconidae									
⑰ 红隼 *Falco tinnunculus*	+				+	+			
⑱ 游隼 *Falco peregrinus*					+	+			+
6. 鸽形目 Columbiformes									
6.1 鸠鸽科 Columbidae									
⑲ 珠颈斑鸠 *Streptopelia chinensis*	+++	+++	+++	+++	+++	+++	+++	+++	+++
⑳ 山斑鸠 *Streptopelia orientalis*	+				+	+	+		
7. 鹃形目 Cuculiformes									
7.1 杜鹃科 Cuculidae									
㉑ 褐翅鸦鹃 *Centropus sinensis*				+	+	+			+
㉒ 八声杜鹃 *Cacomantis merulinus*	+			+		+			

物种 Specie	荔枝公园	洪湖公园	梅林公园	笔架山公园	大沙河公园	园博园	莲花山公园	宝安公园	大运公园
㉓ 鹰鹃 *Hierococcyx sparverioides*		+							
㉔ 噪鹃 *Eudynamys scolopacea*	+	+		+	+		+		
8. 鸮形目 Strigiformes									
8.1 鸱鸮科 Strigidae									
㉕ 领角鸮 *Otus bakkamoena*		+		+					
㉖ 领鸺鹠 *Glaucidium brodiei*	+			+		+	+		
9. 雨燕目 Apodiformes									
9.1 雨燕科 Apodidae									
㉗ 小白腰雨燕 *Apus affinis*		+		+		+	+		+
㉘ 白腰雨燕 *Apus pacificus*				+		+			
10. 佛法僧目 Coraciiformes									
10.1. 翠鸟科 Alcedinidae									
㉙ 普通翠鸟 *Alcedo atthis*	+	++		+	++	++	+		+
㉚ 白胸翡翠 *Halcyon smyrnensis*	+	+		+	+	+			
㉛ 蓝翡翠 *Halcyon pileata*	+	+					+		
11. 鴷形目 Piciformes									
11.1 须鴷科 Megalaimidae									
㉜ 大拟啄木鸟 *Megalaima virens*				+			+		

续表

物种 Specie	荔枝公园	洪湖公园	梅林公园	笔架山公园	大沙河公园	园博园	莲花山公园	宝安公园	大运公园
12. 雀形目 Passeriformes									
12.1 燕科 Hirundinidae									
㉝ 金腰燕 *Hirundo daurica*		+			+	+			+
㉞ 家燕 *Hirundo rustica*				+	+	+	+		+
12.2 鹡鸰科 Motacillidae									
㉟ 白鹡鸰 *Motacilla alba*	+++	+++	+++	+++	+++	+++	+++	+++	+++
㊱ 灰鹡鸰 *Motacilla cinerea*	+	+		+	++	+	+		+
㊲ 黄鹡鸰 *Motacilla*	+	+			+				
㊳ 树鹨 *Anthus hodgsoni*		+			+	+	++	+	
㊴ 理氏鹨 *Anthus richardi*				+		+	+	+		+
12.3 山椒鸟科 Campephagidae									
㊵ 灰喉山椒鸟 *Pericrocotus solaris*					+				
12.4 叶鹎科 Chloropseidae									
㊶ 橙腹叶鹎 *Chloropsis hardwickii*	+	+			+		+		
12.5 鹎科 Pycnonotidae									
㊷ 白头鹎 *Pycnonotus sinensis*	+++	+++	+++	+++	+++	+++	+++	+++	+++
㊸ 红耳鹎 *Pycnonotus jocosus*	+++	+++	+++	+++	+++	+++	+++	+++	+++
㊹ 白喉红臀鹎 *Pycnonotus aurigaster*	+	++	+	+	+++	++	+	+	+

续表

物种 Specie	荔枝公园	洪湖公园	梅林公园	笔架山公园	大沙河公园	园博园	莲花山公园	宝安公园	大运公园
㊺ 栗背短脚鹎 *Hemixos castanonotus*				+					
㊻ 黑鹎 *Hypsipetes leucocephalus*					+				
12.6 伯劳科 Laniidae									
㊼ 棕背伯劳 *Lanius schach*	++	++	++	++	++	++	+++	++	++
㊽ 红尾伯劳 *Lanius cristatus*	+	+		+	+	+			
12.7 鸦科 Corvidae									
㊾ 大嘴乌鸦 *Corvus macrorhynchos*		+		+	+	+			+
㊿ 喜鹊 *Pica pica*	+	+		+	+	+	+		+
(51) 红嘴蓝鹊 *Urocissa erythrorhyncha*	+	+	+	++	+	++	+		+
12.8 卷尾科 Dicruridae									
(52) 发冠卷尾 *Dicrurus hottentottus*			+	+					
(53) 黑卷尾 *Dicrurus macrocercus*			+			+	+		
12.9 鸫科 Turdidae									
(54) 蓝歌鸲 *Luscinia cyane*							+		
(55) 红尾歌鸲 *Luscinia sibilans*				+		+			
(56) 蓝喉歌鸲 *Luscinia svecica*							+		
(57) 北红尾鸲 *Phoenicurus auroreus*		+		+	++	++	+	+	+
(58) 红胁蓝尾鸲 *Tarsiger cyanurus*	+	++	+	+	++	++	+		+

物种 Specie	荔枝公园	洪湖公园	梅林公园	笔架山公园	大沙河公园	园博园	莲花山公园	宝安公园	大运公园
⑤⑨ 紫啸鸫 *Myophonus caeruleus*					+				
⑥⓪ 鹊鸲 *Copsychus saularis*	++	+++	++	++	++	++	++	++	++
⑥① 灰背鸫 *Turdus hortulorum*	+	++	+	++	+	+++	+		
⑥② 乌灰鸫 *Turdus cardis*		+		+		+			
⑥③ 乌鸫 *Turdus merula*	++	++	++	++	+	++	++	+	++
⑥④ 虎斑地鸫 *Zoothera dauma*		+	+	+			+		
⑥⑤ 黑喉石䳭 *Saxicola torquata*		+		+	+	+	+		+
12.10 鹟科 Muscicapidae									
⑥⑥ 北灰鹟 *Muscicapa dauurica*	+		+		+	+	+		
⑥⑦ 黄眉姬鹟 *Ficedula narcissina*		+	+	+			+		
⑥⑧ 白腹姬鹟 *Cyanoptila cyanomelana*		+				+			
⑥⑨ 海南蓝仙鹟 *Cyornis hainanus*				+	+	+	+		
12.11 王鹟科 Monarchinae									
⑦⓪ 寿带 *Terpsiphone paradisi*						+		+	
12.12 扇尾莺科 Cisticolidae									
⑦① 纯色鹪莺 *Prinia inornata*	+	+++		+++	++	+++	++		+
⑦② 黄腹鹪莺 *Prinia flaviventris*	++	++	+	++	++	++	+		++
⑦③ 棕扇尾莺 *Cisticola juncidis*		+			+				

续表

物种 Specie	荔枝公园	洪湖公园	梅林公园	笔架山公园	大沙河公园	园博园	莲花山公园	宝安公园	大运公园
12.13 莺科 Sylviidae									
(74) 远东树莺 *Cettia canturians*		+							
(75) 长尾缝叶莺 *Orthotomus sutorius*	+++	+++	+++	+++	+++	+++	+++	+++	+++
(76) 黄腰柳莺 *Phylloscopus proregulus*	++	+++	+++	+++	+++	+++	+++	+	+
(77) 黄眉柳莺 *Phylloscopus inornatus*	+	+	++	++	+	++	++		+
12.14 画眉科 Timaliidae									
(78) 画眉 *Garrulax canorus*		+	+	++	+	+	++	+	+
(79) 黑脸噪鹛 *Garrulax perspicillatus*	++	+++	+++	+++	+++	+++	+++	++	+++
(80) 黑领噪鹛 *Garrulax pectoralis*	+	+++	++	++	++	++	++	++	++
(81) 黑喉噪鹛 *Garrulax chinensis*				+		+			
(82) 红嘴相思 *Leiothrix lutea*		+		+		+			
(83) 灰眶雀鹛 *Alcippe morrisonia*				+		+	+		
12.15 山雀科 Paridae									
(84) 大山雀 *Parus major*	+++	+++	+++	+++	+++	+++	+++	+++	+++
(85) 黄颊山雀 *Parus spilonotus*		+	+		+		+		
12.16 啄花鸟科 Dicaeidae									
(86) 朱背啄花鸟 *Dicaeum cruentatum*		+		+	+		+		
(87) 红胸啄花鸟 *Dicaeum ignipectus*	++	+	++	++		+	++		+

物种 Specie	荔枝公园	洪湖公园	梅林公园	笔架山公园	大沙河公园	园博园	莲花山公园	宝安公园	大运公园
12.17 花蜜鸟科 Nectariniidae									
⑧⑧ 叉尾太阳鸟 *Aethopyga christinae*	++	++	++	++	++	++	++	++	++
12.18 绣眼鸟科 Zosteropidae									
⑧⑨ 暗绿绣眼鸟 *Zosterops japonicus*	+++	+++	+++	+++	+++	+++	+++	+++	+++
12.19 椋鸟科 Sturnidae									
⑨⓪ 八哥 *Acridotheres cristatellus*		++	+	+	++	+	+		+
⑨① 丝光椋鸟 *Sturnus sericeus*	+	++	+	++	++	++	+	+	+
⑨② 灰椋鸟 *Sturnus cineraceus*					+	+			
⑨③ 灰背椋鸟 *Sturnus sinensis*					+	+			
⑨④ 黑领椋鸟 *Sturnus nigricollis*	+	+	+	+	++	+	+		++
12.20 雀科 Passeridae									
⑨⑤ 树麻雀 *Passer montanus*	+++	+++	+++	+++	+++		+++	+++	+++
12.21 梅花雀科 Estrildidae									
⑨⑥ 白腰文鸟 *Lonchura striata*	++	++	+	++	+++	++	++	+	++
⑨⑦ 斑文鸟 *Lonchura punctulata*	+	+		+	+	+	+		+
12.22 燕雀科 Fringillidae									
⑨⑧ 金翅雀 *Carduelis sinica*	+	++	+	+	++	+	+		+
⑨⑨ 黑尾蜡嘴雀 *Eophona migratoria*	+	+	+	+	++		+		

物种 Specie	荔枝公园	洪湖公园	梅林公园	笔架山公园	大沙河公园	园博园	莲花山公园	宝安公园	大运公园
12.23 鹀科 Emberizidae									
⑩⓪ 白眉鹀 *Emberiza tristrami*		+			+	+			
⑩① 灰头鹀 *Emberiza spodocephala*		++	+		++	++	+		

注:"+"表示少见;"++"表示常见;"+++"表示优势。

经调查,各个公园内的常见鸟种为:红耳鹎、白头鹎、长尾缝叶莺、大山雀、暗绿绣眼鸟、黑脸噪鹛、黑领噪鹛、白腰文鸟、树麻雀、纯色鹪莺、黄腹鹪莺、鹊鸲、白鹡鸰、黄腰柳莺、叉尾太阳鸟、珠颈斑鸠。该类鸟类的招引难度较低,在栖息地构建的吸引鸟类目标中可以考虑。

其中具有显著景观价值的种类为:红耳鹎、暗绿绣眼鸟、叉尾太阳鸟、朱背啄花鸟、画眉、珠颈斑鸠、白鹡鸰。该类鸟类应该定为栖息地构建的吸引鸟类的目标之一。

其中为市民所熟知,容易成为科普种类的为:画眉、暗绿绣眼鸟。

1.4 华南区主要公园栖息地不同鸟类多样性的启示

在实际考察和分析数据的过程中,发现这些公园不同绿化情况、水体情况对鸟类的多样性具有重要影响,为后续微栖息地构建具有重要指导意义,具体如下:

(1)水体的重要性

暂且不论水体的大小,只要有一定面积的水体,可有效提高鸟类的多样性；而如黑水鸡、小䴘等类群，在部分面积仅$200m^2$左右的小水体中也能很好的栖息。

同时，在夏天也观察到较多中小型林鸟在水体边洗澡、喝水，证明其在水源供应上的重要性。

也有池鹭等在捕抓鱼类和蛙类，部分昆虫的生存也需要水体，因此从食物链的角度看，水体的存在具有重要意义。

（2）植物群落的复杂度和稀疏度均有要求

在有较多灌木、草本的群落中，明显鸟类多样性较高，这同复合的植物群落能提供更多的食物、更安全的场所直接相关。

但是，并不是说植物群落越密集、越复杂就越好，在部分灌木密集的群落中，鸫类、椋鸟类并不愿意深入，这可能同其身形，以及相应的"安全感"有关，在密集区域，鸟类较难观察到四周。

而在有大树+适当高灌木+杂草的区域，明显鸟类多样性高，不但常见留鸟喜欢在林冠层、地面活动，更有大量的候鸟，如鸫类、鹟类、寿带等存在，该类能提供安全感和较多的食物（包括果实类和昆虫类）。

（3）有较多的近人鸟类

各个公园内的常见鸟类，对市民的接受度较高，如椋鸟类、鹊鸲等、鸫类的惊飞距离甚至可以达到3～4m，而部分小型鸟类也较为不怕人，已习惯城市栖息地的生活。

在多个公园的开阔绿地上，各种鸫类、椋鸟类、斑鸠类、噪鹛类、鹊鸲、白鹡鸰等都非常常见。

因此，如果能构建合适的一些引鸟措施，应该能快速吸引来较多的鸟类集群。

（4）重点鸟类栖息植物群落同游客密集区需一定的间隔

在同游客密集区域的有一定间距的群落中，有更多的鸟类多样性，特别是部分在低地、地面活动的"害羞"鸟类，集中在歌鸲类群。

同时，鹭类的夜宿地也同游客密集区有一定的间隔。

（5）市民对鸟类的接受度非常高

在考察期间，有大量市民询问，并对本项目表示有浓厚兴趣；同时华南各省市公园内现有色彩鲜艳的叉尾太阳鸟、红胸啄花鸟、红嘴相思鸟等，也有市民喜欢的画眉、暗绿绣眼鸟等，市民对这些鸟类的接受度非常高。

第2章

华南区鸟类"城市生态栖息地"构建研究

一个良好的鸟类宜居生态绿地无法一蹴而就，是在科学规划的基础上进行构建，并经过一定时间自然发育而形成的，在城市生态系统中起着重要而独特的作用，对华南城市生态文明建设，提高市民的城市感官具有重要意义。

2.1 定义

公园绿地在整体规划、构建中，积极引入"生态栖息地"的概念，在注重景观营造的同时，也加入大量符合保育型栖息地概念的措施，适合于新建及改建绿地、山体绿地等。

注意，城市绿地的主要目的仍然是为人服务，但实践野生动物友好的理念，帮助大量生物存在和恢复，也是华南城市生态文明构建，公园绿地创新发展和特色营造，及进一步为华南区高素质市民、游客提供服务的重要基本保障。

2.2 构建基本原则

最基本原则为：通过构建和组合多样的微栖息地吸引鸟类，提高其种群密度，增加其多样性。

（1）合适的目标鸟种选择

在多种鸟类中选择合适的目标鸟类，一旦吸引了该目标鸟类，也将顺势吸引其他较为广谱系食谱、适应能力较为强的鸟类入驻。

（2）进行的科学分类与对应多样性栖息地构建

不同的鸟类类群对于栖息地有不同的要求，因此从规划、设计开始即需要考虑多个类群的需求。例如深圳处于沿海的亚热带区域，降水量丰富，具有较大面积的陆地森林及湿地、水体资源，具有丰富的本土鸟类类群，因此在栖息地构建时，应结合实际调研及规划远景，构建多样化的生物栖息地。

（3）群落复合结构的构建

鸟类栖息的植物群落中，应营造立体的复合结构，包括乔木–灌木–草本结合的多层次群落，以及适当的群落郁闭度。过于简单或者过于复杂——如极高的郁闭度——都可能导致生态效果与生态价值显著降低。

（4）乡土植物优选原则

在植物群落和景观营造中，优先选择较多的乡土植物，尤其是具有较高生态景观价值的种类。

（5）保证足够的活动或避人空间

鸟类具有一定范围的活动范围，在该活动范围内进行觅食、躲藏、繁衍等行为，只有面积足够、整体面积与形状合适、生态恢复效果良好的栖息地才能保证对应动物的栖息及迁徙，包括提供足够的食物、足够的活动区域、足够的迁徙路线宽度等。

（6）构建多样的、良好的食物链

在鸟类宜居生态绿地构建工作中，完善的食物链、食物网构建是其中的重要组成部分，一个结构完整、层次丰富的食物链能吸引高级的捕食者，从而形成良好的动物种群结构。

（7）保障与周边环境的协调性和整体性

在鸟类宜居生态绿地构建时，应结合周边的森林、湿地等栖息地及环境进行规划，保证各个栖息地具有一定的同一性及整体性，形成连续的、具有更大生态价值的生态系统。

（8）注重经济性及可持续性

自然生态系统演替及维护的成本比较低，人工生态系统的改造与建设则需要较大的成本投入。鸟类宜居生态绿地是为了塑造一个自然的生态绿地系统，可以自己维持、演替并持续地产生重要生态价值。因此其核心内容是构建一个良性的自然生态系统，而对于动物多样性恢复而言，核心内容也包括构建一个良好的栖息地，并能进行持续演化和自我价值增长。

（9）进行科学的监测与评估

在鸟类宜居生态绿地的构建工作中，应及时进行监测及评估，为深入了解及改善华南各城市绿地系统提供重要的基础数据。

（10）推动社区的参与及宣传教育

鼓励周边社区的积极参与，同时在多个尺度的栖息地配合生态教育、环境教育、自然教育、低碳教育等工作，加强整体宣传、教育工作。一方面减少对关键生态节点中的大量人为干扰，一方面也体现构建鸟类宜居生态绿地的社会意义。

2.3 构建目标

绿地整体的构建遵循"栖息地多样化、食物链丰富化、人为影响弱化"的构建目标。

——— 2.4　整体规划 ———

在整体规划的早期，应结合实际情况，构建"水面+湿地+陆地"三位一体的综合模式（图2-1）。

图 2-1　一个良好的"水面 + 湿地 + 陆地"微栖息地群

　　在实际观察中发现，即使是小型的水面，仍然吸引多种特色鸟类前来栖息。如在珠三角城郊区域的多个小型池塘中，水面面积从200～400m²不等，但是常年可见有小群的黑水鸡、小䴙䴘活动，种群情况良好；周边即为小型自然山体，但也有较多的工厂、农民房等建筑物做半围绕。

　　而最典型的即为深圳市荔枝公园的例子，在其开展水下森林构建之前，常年栖息22～27个体的小白鹭以及7～10个池鹭个体，形成长期栖息的种群；同时有黑水鸡、小䴙䴘种群。林鸟类数量、种类也较多，林冠层有大量鹎类、暗绿绣眼鸟、叉尾太阳鸟等存在，林下有大量鹛类、鸫类活动。

　　还应积极保护原有的灌木丛、原生植被，同时在植被构建中，配合实际的地形、水源、栖息地保育情况、环境影响程度等，具体营造动物的食源水源地、隐藏地、迁徙通道等。

　　在部分绿地有河流水体经过，其中有部分保留或可改造为合适的河岸湿地。

2.5　微栖息地的具体构建方式

　　经过实地调查尤其是对比性调查的启发，结合大量相关文献的查阅，提出主要的9种微栖息地构建形式及方法，以及配套的3种附属设施，3个补充事项，表现形式见表2-1。

表 2-1　主要的微栖息地构建形式

序号	类别	构建表现形式	关键词
1	水面区域	浮水植物群落	睡莲＋荷花的景观型栖息地
2		湖心岛植物群落	与人分隔的小型保留地

续表

序号	类别	构建表现形式	关键词
3	湿地区域	湿地挺水植物群落	躲藏地
4		鸟类行走浅水区	涉禽觅食地
5		沙砾石砾区	自然岸线 + 涉禽觅食地
6	陆地区域	紧靠岸边的复合引鸟植物群落	与水面连接的核心栖息地
7		疏朗的大树 + 灌木区	有安全感的栖息地
8		景观蝶媒植物区	景观觅食区
9		林缘杂草区	草地觅食区
10	附属设施	人工鸟巢	弥补树洞不足的重要设备
11		人工喂食台	冬季亲人鸟类聚集地
12		科普展示牌	保护鸟类重要设备
13	其他	非全环绕的亲水路面	构建生态廊道
14	其他	一定面积的枯枝落叶层	重要的食物链起源区
15		合适的立体绿化及屋顶绿化	立体栖息地
16		经济和实用的一种鸟类景观栖息地构建方式	

2.5.1 水面区域

在水体及周边湿地的构建中，首先以深圳为例，将荔枝公园与笔架山公园做如下比较，见表2-2。

表 2-2　荔枝公园与笔架山公园水体与湿地的比较

类别	荔枝公园	笔架山公园
湿地边陆生植物群落	有较多大树密集区紧靠水边，有较多遮蔽区，利于鸟类在水边活动、取水	有较多草坪紧靠水体（包括福田河），鸟类受人类干扰较大

续表

类别	荔枝公园	笔架山公园
湿地水生植物群落	有大量的荷花、睡莲等浮水植物，利于鹭鸟类、黑水鸡类休息、觅食	较少浮水植物，部分水域较深，鸟类无落脚地
岸线	有合理的延伸和滩涂，有较多的浅水区	较多的硬质岸线和水深，不利于鸟类的栖息、站立、觅食
湖心岛	有 10 ~ 13 个白鹭和 5 ~ 7 个池鹭固定栖息；面积约 70 米^2 的湖心岛上面形成小型植物群落，主干植物为 2 棵小叶榕，乔木层另有黄槿、大王椰子等，林下灌木丛较密，有较多海芋等	无

建议在水面区域进行微生境构建时，具体方式为：

（1）浮水植物群落

① 种植部分大型浮水植物，如睡莲、荷花、再力花等，形成足够鸟类站立的区域；尤其适合涉禽类如池鹭、草鹭、夜鹭在其上的栖息、觅食（图2-2）。

图 2-2　暗绿绣眼鸟取食再力花

② 使用合适的中小型浮水植物，如大薸等，利于水生生态系统的构建；其根部是大量中小型鱼类的产卵所，而大量中小型鱼类是部分涉禽，以及普通翠鸟的良好食源。

③ 浮水植物群落同人群有一定间隔，形成安全场所，也会吸引对应的鸟类前来。

④ 浮水植物群落对部分两栖动物的繁殖也有良好的正面效应，而部分两栖动物正是涉禽类的重要食源；同时也是部分昆虫的良好栖息、繁殖场所，整体而言，对构建完整的食物网具有重要价值。

⑤ 浮水植物群落也具有非常良好的景观效果，可同鸟类景观一起形成公园绿地的特色。

（2）构建合适大小的湖心岛

① 湖心岛从原理上讲，是构建了一个远离人群活动的隔离区，因此对鸟类和其他生物具有较好的吸引作用。尤其是采用了部分引鸟植物、蝴媒植物后，更具有良好的效果（图2-3）。

图2-3 荔枝公园湖心岛-白鹭、池鹭栖息

② 在面积上，建议以100米^{2}为基本的底线，使用榕树、水翁、樟树等大型乔木作为基本的群落构建主干，搭配部分引鸟植物和景观植物，形成小群落。

③ 植物选择还可以补充较多数量的树冠平展、支持力强、具有众多分枝的高大乔木，并形成群落，供其栖息、筑巢。可供选择的乡土植物类型为：马尾松、华南皂荚、樟树、小叶榕等。

④ 林下简单种植海芋等乡土树种，适当增加芸香科（如柑橘类、九里香等）、马樱丹等蝶媒植物，静待其自然恢复即可。

2.5.2 湿地区域

在水体与陆地交界处，适合构建合适的湿地区域，可有效提高水体和陆地区域的生态价值和生物多样性，并能起到提高景观价值、净化水体的作用。

（1）湿地挺水植物群落

① 构建合适宽度的芦苇、五节芒、荻等挺水植物草丛，通过合适的生态景观设计，既具有景观效果，同时体现一定的环境效益，包括净化水质、动物栖息地等。

② 挺水植物群落是优良的小型鸟类活动地，如山鹪莺类、文鸟类、鹀类、雀类都非常喜欢栖息其中，并获得良好的食源；其中文鸟类习惯结群活动，具有非常明显且良好的景观价值；山鹪莺的叫声非常特别，具有良好声音效果。

③ 提供涉禽类的躲藏与栖息地，如黑水鸡、池鹭类都习惯在其中活动（图2-4）。

④ 面积可大可小，建议每个单独斑块在30米^{2}以上，可形成多个连续或不连续的斑块。

⑤ 除了乡土的芦苇、五节芒、荻、泽泻植物外，再力花、梭鱼草等外来景观植物也可以适当考虑，但尽量选择提供大量食源、巢材的乡土树种。

图2-4 湿地区域提供两栖类活动场所（也可能会吸引外来种）

（2）鸟类行走浅水区

① 景观水体周边有一定区域的浅水区，建议同自然岸线的构建、湿地群落的构建相互结合，形成湿地觅食区（图2-5）。

② 主要为鹭类、黑水鸡以及部分杂食性鸟类的觅食地，构建软质底层和硬质底层，软质底层包括淤泥类、软土类等，硬质底层包括沙类、砾石类等。

③ 利于大量鸟类的取水，以及夏季的洗澡行为；华南地区大部分地处亚热带气候，夏季时大量鸟类喜欢"戏水"。即使在冬天，也观察到大量的取水行为（图2-6）。

图2-5 多种水鸟在浅水区栖息觅食

图2-6 红耳鹎等冬季集体喝水

（3）沙砾石砾区

① 该区域提供一个视野开阔、具有安全感的陆地区域。

② 形状可为紧靠水边的线状；或者为了游客的安全，可为湖心岛的一部分。

③ 部分鸟类如鹡鸰类、椋鸟类喜欢活动在该类区域（图2-7），同时该区域与浅水区相互连接，也利于鸟类在喝水、洗澡时具有安全感。

图2-7 丝光椋鸟与沙砾石砾区

④ 在有入海河流、较大河流的区域，该类区域还可以很好的吸引鸻鹬类鸟类，它们非常喜欢该类栖息地，在部分区域如果有较大的安全性和较大面积的砾石区，甚至可能进行繁殖。

2.5.3 陆地区域

（1）紧靠岸边的复合引鸟植物群落

① 紧靠岸边，营造有一定面积的乔-灌-草植物复合群落区，形成

陆地最核心的鸟类栖息地。

②紧靠岸边，保证至少一面是远离游客，形成安全区域；同时也利于水鸟类、涉禽类的躲藏和栖息。

③紧靠岸边，才能利于鸟类的取水、洗澡。

④大量使用合适的引鸟植物（图2-8）。

⑤适当加入人工鸟巢、人工喂鸟台等设施。

图 2-8　大量使用引鸟植物，红耳鹎啄食虾子花

⑥尽量保持其自然演替的状态，保持其落叶层等。

⑦建议单个斑块的面积不小于80米^2，可有多个不连续的核心区。

⑧普适性动物食源植物指除引鸟植物外，其他生物喜欢取食的植物，如桃金娘等浆果植物在成熟、落果时都吸引大量小昆虫；而壳斗科植物也是非常好的淀粉源植物；又如马尾松，除了是引鸟植物外，也是部分动物喜欢在冬季取食的植物，因为其富含油脂。

⑨ 可适当加入部分普适性动物食源植物，增加生物多样性，进一步完善各条食物链，形成良好的食物网。

⑩ 壳斗科的一部分常绿种类，常成为亚热带常绿阔叶林的上层乔木，应充分利用壳斗科植物对生态系统整体优化具有积极作用。

⑪ 一个较为完整的生态系统，也能良好的抑制病虫害，在珠三角城市区域观察到白腹凤鹛、长尾缝叶莺大量取食埃及吹棉介，而长尾缝叶莺是华南区公园的优势鸟类之一，相信其对控制埃及吹棉介有较大作用。对于构建微栖息地植物选择见表2-3。

表 2-3 建议微栖息地构建植物

类型	乔木	灌木	草本	藤本
普适性动物食源植物	锥栗、青冈、鹿角栲等壳斗科淀粉植物，马尾松等种子富含油脂的植物，岭南山竹子、罗浮柿、蔷薇科等浆果植物，榕属植物	桃金娘、毛稔等浆果植物	淡竹叶、莠竹、芒草	番薯等旋花科植物

（2）疏朗的大树+灌木区

① 大部分鸫类、椋鸟类、鹎类都习惯在地面或近地面觅食，寻找果实、昆虫、蠕虫等，一个较少灌木层，稀疏开朗的植物群落对其很重要。

② 稀疏开朗的植物群落会显著增强鸟类的安全感，有利于活动、觅食。

③ 乔木层的大树会提供遮蔽，以及大量掉落的果实，也形成该群落的主干。

④ 还可能吸引鹟类、寿带等鸟类，利于其在大树的枝干上站立，并观察疏朗的空间，捕抓昆虫。

⑤ 建议每30～50米^{2}为一棵大树，建议为樟树、小叶榕、黄葛树等；灌木层郁闭度为30%～50%，稀疏种植，灌木选择为有一定枝干数量，叶子不甚密集的种类，如苹婆、栀子、露兜、石斑木等；最后再

种植少量海芋即可。

（3）林缘杂草区

① 在乔木群落的草地区域，可适当留下部分杂草，形成一定的"林缘杂草区"（图2-9）。

② 杂草区里面的草本植物生物多样性较高，其中部分华南常见植物，如母草等的花朵为鸟类提供了食源（图2-10）。

图 2-9　园博园 - 长尾缝叶莺等
在有林缘区域的草地上觅食

图 2-10　笔架山公园 - 大量红耳鹎
等在有杂草的草地上觅食

③ 一定面积（不是大面积）的杂草区保证了持续的种子供应，利于小型小鸟生存。

④ 林缘杂草区面积可以5米^{2}以上的小斑块进行设置；建议使用不同强度的剪草来控制这个杂草区的范围。

⑤ 建议在秋冬季杂草结实时候，进行适当的区域保留；尤其是在冬季食物匮乏的情况下，建议在冬季时候留存较多结实的草。

2.5.4　附属设施

（1）人工鸟巢

① 在华南区域，因为大树树洞的缺乏，部分在华南繁殖、居留的鸟类较难寻找到繁殖场所。合适的人工鸟巢可以很好地满足该类居住在"洞穴巢"中的种类，尤其适合"树干洞穴"（洞穴巢包括崖壁洞穴和树

干洞穴两种）。

在留鸟中经过筛选，确定可以居住在人工鸟巢的目标鸟类见表2-4。

表2-4　入驻人工鸟巢的目标鸟种

序号	鸟种	居住理由
1	大山雀	洞状巢穴
2	鸺鹠类、领角鸮	小型猫头鹰，栖息在大型树的树洞中
3	鹊鸲	使用其他鸟类的巢穴，或者直接住树洞
4	树麻雀	多种角落建巢穴，或者直接住树洞

② 鸟巢尺寸。一般为方形或长方形，板块厚度1.5 ~ 2厘米，巢箱的大小一般为22厘米×12厘米×12厘米（立式）或28厘米×13厘米×（12 ~ 15）厘米。箱盖木板不必刨光，外面可涂些与树干相似的颜色或泥土；切勿漆出光来。制作时注意板间不可留缝隙，巢箱内可放少量稻草做作巢材。

③ 入口尺寸与形状。出入口位置在距顶部1/3处，不同的入口尺寸对应不同的入驻鸟类，如25毫米是煤山雀、沼泽山雀，28毫米是大山雀、麻雀，32毫米是鸲类，如45毫米以上即能吸引椋鸟类。而椭圆形的入口是最适合大山雀的。

④ 人工鸟巢的悬挂。悬挂高度在六米以上的乔木上，稍前倾，以防雨水落入巢内。悬挂方位向东或者东南，背风向阳。悬挂地点应选周边在植被丰富、水源充足、游人干扰较少、位置稍高或隐蔽较好区域。麻雀和椋鸟会利用安放在屋檐下的鸟巢，但是要确保这些鸟巢远离通常毛脚燕筑巢的地方。给歌鸲和鸺鹠用的前端开口的鸟巢需要安装得低一些，可以隐蔽在树叶茂盛的地方。

⑤ 悬挂时间。适宜的时间是入冬以前，最迟也得在当年的2、3月。

⑥ 悬挂数量。考虑林区面积大小和鸟类巢区食物资源等因素，繁殖区的鸟都会有自己的繁殖范围，该范围内决不允许有别的鸟居住。如山雀较有攻击性，它们很少在密度大于每公顷5 ~ 6对的地方筑巢。

⑦ 适当管理。如老的鸟巢要在十月或十一月取下来，用热开水冲洗，杀死所有余下的寄生虫。

⑧ 保护性措施。对鸟巢有害的捕食性动物包括蛇类、中小型哺乳动物类和部分鸟类。在围绕鸟巢的入口处钉上一块金属板，可以防止树栖型哺乳动物的威胁。在鸟巢的上面和下面放置一些带刺的铁丝或蔷薇枝，能防止大部分的哺乳动物。

⑨ 周边植物选择。樟树、小叶榕、黄葛树、笔管榕（*Ficus uperb* var. *japonica*）、短花序楠（*Machilus breviflora*）、浙江润楠（*Phoebe chekiangensis*）、米锥、锥栗、厚壳桂（*Cryptocarya chinensis*）、白颜树（*Gironniera subaequalis*）、朴树（*Celtis sinensis*）、南酸枣（*Choerospondias axillaris*）、黄杞（*Engelhardtia roxburghiana*）等具有广伞形树冠、分枝高、冠幅厚大等特点的大型华南地区亚热带乡土乔木比较适合。

（2）人工喂食台

① 在公园绿地区域，适合在没有水体或者引鸟植物少的区域，建设少量人工喂食台。

② 喂食台有多种形式，建议结合喂水台组合一起。

③ 适当的谷物即可。

（3）科普展示牌与活动

① 在栖息地、人工辅助架构改造的同时，也需要建立相应的科普展示系列，利于体现生态绿地的社会价值；同时加强市民的生态文明观念。

② 建议包括多种形式，如书页样式、可移动挂板、木质展示台等，重点是在栖息地周边进行科普展示，同时大量介绍吸引而来的鸟类（图2-11）。

③ 进行适合的科普活动，包括观鸟活动、环保游览、宣传册派发、环保宣传片等（图2-12）。

图 2-11 互动式展示牌

图 2-12 开展观鸟活动

2.5.5 其他

（1）非全环绕的亲水路面

① 按照景观需求，理应构建一定长度和面积的亲水路面；建议采用"断续式"的亲水带，或者在部分区域拐进内陆区域；尽量不做环湖一整圈的亲水带。

② 非全环绕的路面，可以留出一定的空间建设滨水的沙砾区、湿地植物区和紧靠水边的植物群落区，非常有利于小生态廊道的贯通，从而保持生态系统的完整性。

③ 留出一个动物的"水-陆交界安全空间"。

（2）一定面积的落叶层和枯枝

① 落叶、枯木等凋落物的保留。落叶、枯木必须得到保留，一方面保证了森林中营养元素的循环利用，另一方面也为大量小型动物提供栖息地及重要食源。此外，落叶、枯木等凋落物，是溪流生态系统、湿地生态系统中的非常重要的组成部分，为其提供大量的营养元素及栖息地。

② 在具体管理时候，春夏两季时病虫害较多季节，落叶层和枯枝可尽量去除；而在秋冬季可适当保留，形成一定的遮蔽层，利于鸟类在秋冬季食源的补充（图2-13）。

图 2-13 笔架山公园-秋冬季保留一定面积的落叶

③ 枯枝也具有良好的生态栖息，特别是给予大量的鹛类一个站立、警戒的空间，保障其安全感。

（3）合适的立体绿化和屋顶绿化

① 合适的立体绿化和屋顶绿化将有效扩展鸟类在城市中的活动范围和觅食范围，也有助于减少城市的热岛效应。

② 结合立体绿化构建的人工喂食台等具有大量成功案例。

③ 在华南区现有情况下，建议主要为墙面的简单绿化，合适的物种包括容易生长、不加重墙面负担、被部分鸟类取食的爬山虎，薜荔等。

④ 屋顶绿化采用轻型、喜光耐旱的植物，如鸭跖草科、景天科等，也可为蝶类提供蜜源。

2.5.6 经济实用的一种鸟类景观栖息地快速构建模式

建议使用园林中常用的若干植物，营造约3～4个，每个100米^2，紧靠现有大树植物群落的栖息地景观区，在1～2年内形成一系列景观优良，效果显著的微栖息地。植物配置为：

小乔木：文定果＋灌木：四季桂＋藤花类：冬红＋草花类：虾子花＋喂鸟台＋科普系统。

（1）文定果

4～6棵，作为群落的第一层结构，生长速度快，常绿种，四季开花结果，有效提供食源、遮蔽层，吸引大量常见园林鸟类，简单散植。

（2）四季桂

3～4棵，作为群落的第二层结构，并简单将景观区围绕，形成一定的遮蔽；常绿种，四季开花，可提供部分食源；优良芳香植物，有很好的景观价值。

（3）冬红

8～10丛，生长速度快，简单搭1～2米的棚架立起，11月至次年1月开花，有效提供冬季花蜜食源，非常吸引叉尾太阳鸟、红胸啄花鸟、朱背啄花鸟、暗绿绣眼鸟等高景观值鸟类；开花时段正好是暗绿绣眼鸟等鸟类的求偶、繁殖时间，对其能量供给有重要意义。

（4）虾子花

10 ~ 15丛，优良景观草花，生长速度快，非常吸引叉尾太阳鸟、红胸啄花鸟、朱背啄花鸟、暗绿绣眼鸟等高景观价值鸟类；花季为3 ~ 4月，花时段正好是叉尾太阳鸟等鸟类的求偶、繁殖时间，对其能量供给有重要意义。

（5）喂鸟台

1个，可根据实际情况悬挂在大树上，或者摆放在边缘区域；需要包括饮水盆；对于雀形目鸟类吸引力强，如摆放在地面的中型台，可有斑鸠类、噪鹛类、鸫类等被吸引。候鸟迁徙季和冬季效果明显。

（6）科普系统

包括中型科普牌、简单望远镜等，根据实际需要配置。

第 **3** 章

华南区主要引鸟植物调查

3.1 调查方法

在城市绿地内和鸟类活动较多的森林公园进行样线调查，观察鸟类取食的植物，对其拍照、分类、定位。对部分鸟类积极取食的植物个体进行定点调查，观察鸟类的种类、取食积极度以及频率。

在部分引鸟植物较多、较典型的区域进行植物群落调查。

3.2 调查结果

3.2.1 果实类引鸟植物

在实际观察过程中，发现约40种植物的果实对鸟类具有明显的吸引作用，而且部分植物种类如桑寄生等，同鸟类也发展出一定的协同进化，两者的分布区域具有明显的重合性。华南区域的果实类鸟类植物见表3-1。

表 3-1　果实类引鸟植物

序号	科	中文名	拉丁名	华南区取食的鸟类	果实类型	果期①	取食积极度
1	漆树科	盐肤木	*Rhus chinensis*	栗背短脚鹎、黑喉石鵖、棕颈钩嘴鹛、白头鹎、红耳鹎、灰喉山椒鸟、赤红山椒鸟	颖果	5～12月	+++
2		野漆树	*Toxicodendron succedaneum*	白头鹎、红耳鹎、大山雀、暗绿绣眼鸟	蓇果	6～10月	+++
3	桑科	构树	*Broussonetia papyrifera*	乌鸫、黄眉姬鹟、北灰鹟、珠颈斑鸠、鹊鸲、白头鹎、红耳鹎、大山雀、黑尾蜡嘴雀、金翅雀、白喉红臀鹎、暗绿绣眼鸟	聚合果	6～10月	+++
4		小叶榕	*Ficus microcarpa*	白头鹎、红耳鹎、大山雀、鹊鸲、暗绿绣眼鸟、噪鹛、白喉红臀鹎、乌鸫、灰背鸫、乌灰鸫	聚花果	7～11月	+++
5		枕果榕	*Ficus drupacea*	乌鸫、暗绿绣眼鸟、白头鹎、红耳鹎	聚花果	4～7月	++
6		高山榕	*Ficus altissima*	乌鸫、暗绿绣眼鸟、白头鹎、红耳鹎、大山雀	聚花果	4～7月	++
7		五指毛桃	*Ficus hirta*	黑脸噪鹛、白头鹎	聚花果	5～8月	++
8		青果榕	*Ficus variegata var. chlorocarpa*	白头鹎	聚花果	5～7月	+
9	桑寄生科	桑寄生	*Loranthus lambertianus*	红胸啄花鸟、暗绿绣眼鸟、北灰鹟、橙腹叶鹎	浆果	全年	+++
10	千屈菜科	大叶紫薇	*Lagerstroemia speciosa*	金翅雀	翅果	8～12月	++

续表

序号	科	中文名	拉丁名	华南区取食的鸟类	果实类型	果期[①]	取食积极度
11	蔷薇科	山莓	*Rubus corchorifolius*	栗耳凤鹛	浆果	8~10月	++
12		蛇莓	*Duchesnea indica*	乌鸫、白头鹎、鹊鸲	浆果	6~10月	++
13		桃	*Amygdalus persica*	白头鹎、红耳鹎	核果	8~9月	++
14		桃叶石楠	*Photinia prunifolia*	暗绿绣眼鸟	核果	10~11月	+
15	野牡丹科	野牡丹	*Melastoma candidum*	白头鹎	核果	10~12月	+
16	楝科	苦楝	*Melia azedarach*	白头鹎、红耳鹎、暗绿绣眼鸟、乌鸫、灰背鸫、黑脸噪鹛、丝光椋鸟、黑领椋鸟、灰背椋鸟、灰椋鸟、珠颈斑鸠	浆果	8~10月	+++
17	酢浆草科	阳桃	*Averrhoa carambola*	白头鹎、暗绿绣眼鸟、红耳鹎	浆果	8~10月	+++
18	马鞭草科	马缨丹	*Lantana camara*	白头鹎、红耳鹎、白喉红臀鹎	核果	6~10月	++
19	大戟科	白背叶	*Mallotus apelta*	棕颈钩嘴鹛、暗绿绣眼鸟、绿翅短脚鹎、白腹姬鹟、北灰鹟、鸲姬鹟、灰眶雀鹛	蒴果	7~10月	+++
20		乌桕	*Sapium sebiferum*	白头鹎、红耳鹎、暗绿绣眼鸟	蒴果	7~10月	++
21		山乌桕	*Sapium discolor*	白头鹎、红耳鹎、灰背鸫	蒴果	8~10月	++
22		秋枫	*Bischofia javanica*	白腹鸫、白头鹎	瘦果	8~10月	+

续表

序号	科	中文名	拉丁名	华南区取食的鸟类	果实类型	果期[①]	取食积极度
23	冬青科	铁冬青	*Ilex rotunda*	白头鹎、红耳鹎、大山雀、	核果	7～8月	++
24	桃金娘科	桃金娘	*Rhodomyrtus tomentosa*	白头鹎、红耳鹎、大山雀、黑脸噪鹛、画眉	浆果	7～10月	+++
25		水蒲桃	*Syzygium jambos*	白头鹎、红耳鹎、大山雀、乌鸫、灰背鸫、暗绿绣眼鸟	浆果	5～6月	++
26		水翁	*Cleistocalyx operculatus*	白头鹎、红耳鹎、大山雀、乌鸫	浆果	7～10月	++
27		海南蒲桃	*Syzygium hainanense*	大山雀、暗绿绣眼鸟、白头鹎、红耳鹎	浆果	5～6月	++
28		洋蒲桃	*Syzygium samarangense*	白头鹎、红耳鹎、大山雀、乌鸫、鹊鸲	浆果	5～6月	++
29	樟科	樟树	*Cinnamomum camphora*	白头鹎、红耳鹎、大山雀、乌鸫、鹊鸲、灰背鸫、乌灰鸫、橙头地鸫、白腹鸫、虎斑地鸫、白眉鸫	核果	8～11月	++
30		黄樟	*Cinnamomum porrectum*	灰喉山椒鸟、白头鹎、大山雀、暗绿绣眼鸟	核果	4～10月	++
31	松科	马尾松	*Pinus massoniana*	白头鹎、斑文鸟	翅果	10～12月	++
32	豆科	银合欢	*Leucaena leucocephala*	暗绿绣眼鸟、白头鹎	荚果	8～10月	+
33	藤黄科	岭南山竹子	*Garcinia oblongifolia*	白头鹎、红嘴蓝鹊	浆果	10～12月	+

序号	科	中文名	拉丁名	华南区取食的鸟类	果实类型	果期[1]	取食积极度
34	木犀科	女贞	*Ligustrum lucidum*	暗绿绣眼鸟、白头鹎、红耳鹎	浆果	7月至翌年5月	+
35	葡萄科	爬山虎	*Parthenocissus tricuspidata*	暗绿绣眼鸟、红耳鹎、白头鹎、黑脸噪鹛、黑领椋鸟	浆果	9~10月	+
36	文定果科	文定果	*Muntinga colabura*	红耳鹎、白头鹎、大山雀、暗绿绣眼鸟、灰喉山椒鸟	浆果	6~8月	+++
37	榆科	朴树	*Celtis sinensis*	红耳鹎、白头鹎、大山雀、暗绿绣眼鸟、灰喉山椒鸟、橙腹叶鹎	核果	8~10月	++
38	禾本科	结缕草	*Zoysia japonica*	文鸟类	翅果	5~9月	+
39		白茅	*Imperata cylindrica*	文鸟类	翅果	4~6月	+
40		龙爪茅	*Dactyloctenium aegyptium*	文鸟类	翅果	5~10月	++
41	椴树科	布渣叶	*Microcos paniculata*	鹎类	核果	12~4月	++

① 果期包括果实成熟、变干挂在枝条上的时期。

注：取食积极度"+"表示一般，"++"表示积极，"+++"表示非常积极。

在实际观察中发现：

① 盐肤木、野漆树两种漆树科植物是非常良好的果实类引鸟植物，部分不同的鸟类会形成"鸟浪"的形式积极取食；同时盐肤木的果实上有薄薄的盐层，可能对鸟类补充矿质元素有较大好处。

在其他地方考察时也见到红尾水鸲、栗腹姬鹟取食其果实。

② 构树具有鲜艳而柔软的果实，大部分鸟类均会积极取食该种，同时该种抗逆性强，生长力旺盛，能很快形成小片的灌木群落；部分昆虫也取食其果实，因此也可构建多样的生物链，吸引部分食虫鸟类。

因此该种适宜作为林下灌木种类之一，利于形成小型的生物聚集地。

③ 桑科榕属的植物一直受到鸟类的欢迎，柔软的聚花果适合其啄食等。在落果后，也有大量的鹎类在地面上取食其果实（这可能同果实的成熟度有关）。在园林绿地中，尤其如小叶榕、高山榕等提供了大量果实给予鹎类，对华南各市区内的白头鹎、红耳鹎，以及暗绿绣眼鸟等优势种群的存在应该有一定关系。

在野生环境中，也见到五指毛桃、青果榕被鹎类、噪鹛类所取食，推测野生区域的榕属植物是鸟类食源的重要组成之一。

④ 大叶紫薇明显被金翅雀所积极取食，时常见到小群在开裂的蒴果上取食其中的种子。金翅雀是具有良好观赏性的候鸟，因此大叶紫薇在生态园林构建上具有积极作用。

⑤ 蔷薇科的浆果在部分文献中提及受鸟类欢迎，而在华南实际园林绿地中，蔷薇科植物种植较少，仅在少量区域发现有野生的山莓、蛇莓，该种被鹛类、鹎类所取食；华南野外有大量的粗叶悬钩子以及其他悬钩子属等植物，果实较多，周边也有大量鸟类存在，但在实际观察中反而极少见到鸟类取食。

同时野外见到少量桃叶石楠的果实被取食。

⑥ 野牡丹有较多的种子存在，同时果实含水量较少；仅见到白头鹎取食。

⑦ 苦楝也是非常良好的果实类引鸟植物，在其他地方非常受鸟类欢迎。在广西、云南、江西等地观察到大量椋鸟、鹎类取食其果实，同时该种具有较强的园林价值，在部分绿化区域有使用，因此种苗较易获得。

⑧ 阳桃吸引了部分鸟类前来啄食，并形成部分落果。阳桃树的景观效果较好，鲜黄色的果实适合用于多种景观的营造。

⑨ 马樱丹是外来种，但较多使用与园林绿地中，该种对鹎类的吸引作用很明显，我们甚至怀疑这种其种子扩散能力很强有一定关系，进一步的实验有待开展。

⑩ 白背叶本来不被我们所关注，但在实际调查中，大量鸟类被其所吸引，尤其是在一次观察中，白腹姬鹟、北灰鹟、鸲姬鹟等过境候鸟大量集群在其上取食果实，因此我们认为在迁徙时期，该种对于小型过境林鸟具有重要的生态意义，能及时补充其能量消耗。

同为大戟科的乌桕、山乌桕也受到鹎类的欢迎，在外地考察和部分文献，也提及灰树鹊、台湾五色鸟取食该种；乌桕的果实具有较多的油脂，这可能同使其能量较高，因此鸟类较为喜欢。

秋枫是常用的景观绿化树种，但是其木质化较为明显，仅见有候鸟类的白腹鸫和留鸟类的白头鹎取食。

⑪ 铁冬青具有艳丽而明显的红色果实，在田头山一带有古树存在。在实际观察中发现白头鹎、红耳鹎和大山雀均会取食其种子，尤其鹎类在早晨会集群取食。

⑫ 蒲桃类的植物果实较大，因此鸟类都是啄食试取食；在荔枝公园具有较多蒲桃类植物种植，大量鹎类、暗绿绣眼鸟等集群其上取食其果实，同时又部分鸫类在林下觅食，形成较为良好的小群落。同时该类植物适宜种植在水边，可以同水体共同组建综合的栖息地。

⑬ 大型个体的樟树和黄樟均能较好吸引鸟类，提供很好的遮蔽场所和取食场所；同时，樟树上有大量的纵裂，形成多种生物的小型栖息场所，吸引部分食虫鸟类来取食，因此整体而言适合用来做群落构建里面的主要树种之一。

⑭ 桑寄生对叉尾太阳鸟的吸引作用明显，同时两者具有显著的协同进化关系，部分文献提及该科植物与太阳鸟等食蜜鸟类具有良好的传粉关系，同时种子传播也与分布区域其有明显相关性。

⑮ 爬山虎的果实对鹎类也有较好的吸引作用，尤其其产果量较大，而且适合营造立体绿化，节省土地。

⑯ 文定果对大量鸟类具有很好招引作用，在梅林公园直接观察到大量的鹎类取食其果实；而且该种四季结果，对冬季候鸟以及缓解冬季鸟类食源匮乏具有重要作用，值得大量种植。

3.2.2 花类引鸟植物

在实际观察过程中，发现19种植物的花对鸟类具有明显的吸引作用，具体见表3-2。

表3-2 花类引鸟植物

序号	科	中文名	拉丁名	华南区取食鸟类	取食部分	花期
1	豆科	刺桐	*Erythrina variegata*	叉尾太阳鸟、暗绿绣眼鸟、橙腹叶鹎	花蜜	3～8月
2		红花羊蹄甲	*Bauhinia blakeana*	叉尾太阳鸟、暗绿绣眼鸟、白头鹎	花瓣，可能花蜜	3～10月
3		粉花羊蹄甲	*Bauhinia glauca*	叉尾太阳鸟、暗绿绣眼鸟	花瓣	3～10月
4	锦葵科	大红花	*Hibiscus rosa-sinensis*	叉尾太阳鸟、暗绿绣眼鸟	花蜜、花瓣	全年
5	金缕梅科	红花荷	*Rhodoleia championii*	暗绿绣眼鸟、橙腹叶鹎、叉尾太阳鸟	花蜜	3～5月
6	马鞭草科	冬红	*Holmskioldia sanguinea*	叉尾太阳鸟、暗绿绣眼鸟	花蜜	11月至次年2月
7	紫葳科	火焰木	*Spathodea campanulata*	白头鹎、红耳鹎、暗绿绣眼鸟、红嘴蓝鹊	花瓣	3～10月
8		黄钟花	*Stenolobium stans*	暗绿绣眼鸟	花瓣	7～8月
9	杜鹃花科	锦绣杜鹃	*Rhododendron pulchrum*	白头鹎	花瓣	4～5月
10		吊钟花	*Enkianthus quinqueflorus*	暗绿绣眼鸟	花蜜	8～11月

续表

序号	科	中文名	拉丁名	华南区取食鸟类	取食部分	花期
11	木棉科	木棉	*Bombax malabaricum*	叉尾太阳鸟、暗绿绣眼鸟、白头鹎、红耳鹎、乌鸫、白喉红臀鹎	花瓣，可能花蜜	3～4月
12	芭蕉科	芭蕉	*Musa basjoo*	叉尾太阳鸟、小天堂鸟	花蕊	4～6月
13		白花天堂鸟	*Strelitzia reginae*	暗绿绣眼鸟	花蕊	6～8月
14	木犀科	桂花	*Osmanthus yunnanensis*	白喉红臀鹎	全花	全年
15	千屈菜科	虾子花	*Woodfordia fruticosa*	朱背啄花鸟、暗绿绣眼鸟、叉尾太阳鸟	花	2～4月
16	茜草科	希茉莉	*Hamelia patens*	叉尾太阳鸟	花蜜	5～10月
17	竹芋科	再力花	*Thalia dealbata*	红耳鹎	全花	3～10月
18	龙舌兰科	亮叶朱蕉	*Cordyline terminalis*	暗绿绣眼鸟	全花	6～8月
19	蔷薇科	福建山樱花	*Cerasus campanulata*	叉尾太阳鸟、暗绿绣眼鸟、橙腹叶鹎	花蜜	11月至次年2月

华南区常见花类引鸟植物有：

① 刺桐，红花荷是良好的花蜜类引鸟植物，在开花季节，部分鸟类会积极取食，尤其叉尾太阳鸟和橙腹叶鹎的颜色非常鲜艳，结合两种植物景观效果良好。

② 大红花是小型食蜜鸟类的重要花蜜提供植物，尤其在华南有较多

大红花种植的情况下，其吸引效果也非常明显，提供花蜜的量也较多。

③ 冬红最著名的案例是位于梅林公园的一大丛植株，花期有大量市民在此"蹲守"叉尾太阳鸟吸食其花蜜；该种景观价值高，适合公园大量栽培。

④ 虾子花最著名的案例是位于仙湖植物园化石广场的几大丛植株，花期有大量市民在此"蹲守"朱背啄花鸟吸食其花蜜；该种景观价值高，适合公园大量栽培。

⑤ 园林植物中和希茉莉也能大量吸引食蜜鸟类，结合冬红、虾子花适合共同营造生态景观区。

⑥ 红花羊蹄甲，粉花羊蹄甲，木棉，火焰木主要观察到鸟类取食其花瓣，这四种植物的华南地区保有量较多，这也表示其提供了大量食源给鸟类。

⑦ 桂花被白喉红臀鹎等鹎类取食，直接啄食其全花。

⑧ 锦绣杜鹃在春季开花时也能大量开花，吸引了较多鹎类取食，这可能同该段时间能取食的其他食物较少有关。

⑨ 芭蕉和白花天堂鸟的花蕊会被部分鸟类所取食，暗绿绣眼鸟和叉尾太阳鸟会直接啄开其外皮，取食其内容物。

⑩ 栽培在梅林公园的福建山樱花也吸引食蜜鸟类，而且景观效果良好，主要为暗绿绣眼鸟和叉尾太阳鸟，以及候鸟类的橙腹叶鹎；同时其疏朗的枝条有大量鹎类在其上栖息。

⑪ 在实际观察时发现，部分植物的花期正好是某些鸟类的求偶、繁殖时间，如冬红、福建山樱花等的花期为暗绿绣眼鸟的繁殖时间，该类植物可能对繁殖时间的鸟类能量供应具有非常重要的意义。

3.2.3　筑巢相关引鸟植物

华南区域有种类、数量较多的留鸟，其中部分鸟类逐渐习惯筑巢在城市公园、绿化带乃至人类建筑中，因此需要关注留鸟类筑巢所需要的相关植物种类，可见表3-3。

表 3-3　筑巢相关引鸟植物

序号	中文名	拉丁名	华南鸟类	备注
1	苦楝	*Melia azedarach*	黑领椋鸟	在分叉处构建较大鸟巢，明显
2	高山榕	*Ficus altissima*	白腰文鸟、斑文鸟、暗绿绣眼鸟	
3	小叶榕	*Ficus microcarpa*	白鹭、池鹭	在分叉处构建较大鸟巢，明显
4	樟树	*Cinnamomum camphora*	暗绿绣眼鸟 乌鸫	
5	大王椰子	*Roystonea regia*	乌鸫	在叶基处构建鸟巢
6	小叶榄仁	*Terminalia mantaly*	黑领椋鸟	在分叉处构建较大鸟巢，明显
7	长芒杜英	*Elaeocarpus apiculatus*	黑领椋鸟	在分叉处构建较大鸟巢，明显
8	薜荔	*Ficus pumila*	长尾缝叶莺	作为巢材
9	禾本科植物	Gramineae	长尾缝叶莺、暗绿绣眼鸟	作为巢材

在实际观察筑巢植物中发现：

① 华南各城市道路大量种植小叶榄仁、长芒杜英两种具有独特树形的植物，而因为其具有较多明显的分叉，使得椋鸟类喜欢在上面搭建大型的巢穴，其巢穴大而明显，就在绿化带上，距离地面约 5 ～ 7 米高。

② 榕属的大型乔木也受鸟类的欢迎，在其中有小型鸟类和中型鸟类的巢穴，尤其华南的白鹭较多居住在小叶榕上，结合关于鹭鸟类栖息地的研究文章，该种是良好的鹭鸟类栖息植物。

③ 公园里面种植较多的樟树、大王椰子也较为受欢迎，特别是发现乌鸫喜欢在大王椰子的叶基部构建巢穴，这说明棕榈科的植物也对鸟类

具有重要作用。

④ 苦楝是良好的引鸟植物，在华南也是部分留鸟中型巢的支持树。

⑤ 薜荔和部分禾本科植物被中小型鸟类作为良好的巢材使用，如长尾缝叶莺会将薜荔的叶子卷起，并利用禾本科植物的叶子将其"缝"起，形成独特的鸟巢；暗绿绣眼鸟即是大量收集禾本科植物作为鸟巢的铺垫植物。

⑥ 在调查中也发现，华南有大量的鸟类积极在人工建筑物上筑巢，包括八哥、椋鸟类在电线杠和电力铁架上，珠颈斑鸠、麻雀、乌鸫、鹊鸲在空调架子上等。

3.3　引鸟植物的繁育实验

在研究中发现，除了确认、鉴别引鸟植物外，还需要进行适当的引鸟植物繁育实验，研究是否能够在园林景观上进行应用。

根据华南区各省市园林市场的种苗情况，结合其本身的景观价值，选择华南区乡土引鸟植物山乌桕进行繁殖方面的研究。

在银湖山公园收集种子，经1年的实验形成一个较好的繁育体系，具体流程如下：

（1）种子的脱蜡处理

首先，在秋季，山乌桕种子成熟的标志是果壳由青转黄。此时，将果球采摘下来晾晒，待果壳开裂后收集种子。

种子黑色，近球形，直径3～4毫米，外被白色蜡层，需用碱性物质去除（图3-1）。实验中采用适量碳酸钠搓揉种子，然后在温水中清洗干净，在阴凉处晾干后，置于塑料密封袋中干藏（图3-2）。

（2）播种技术

首先选择排灌良好的沙壤土作苗床，苗床高20厘米，宽1.2米，南北向，自然长，床面土块打碎（图3-3）。

图 3-1 山乌桕种子，上有蜡层，
　　　需进行脱蜡处理

图 3-2 脱蜡后在阴凉处晾干

2月中下旬选择较好天气播种；先用50℃温水浸种12小时（温水自然冷却），稀疏的散播在苗床上，简单翻入沙中，用洒水壶洒水浇透土壤。

（3）管理技术

播种后15～20天即可发芽，在一个月内基本出齐。

出齐后选择生长状态良好的幼苗种入塑料苗袋中，使用基质为沙壤土，继续置于大棚中管理（图3-4）。每天早上浇一次透水，加入少量氮肥。

幼苗生长很快，速生期在春夏两季，3个月后整体已有1米高（图3-5、图3-6）。进入秋期后，部分叶子开始逐渐变色（图3-7）。到10月底，基本停止生长，随着气温的下降开始明显变为红色。此时可开

图 3-3 沙床上进行播种，约2周后发芽

图 3-4 小苗上袋

始露天管养，利用秋冬季让小树适应阳光（图3-8）。

　　1年苗基本达到1.5米高，可在公园中种植营造景观鸟媒栖息地。

图 3-5　发芽约 2 个月后　　　　　图 3-6　发芽约 3 个月后

图 3-7　发芽约 5 个月，部分　　　图 3-8　发芽约 6 个月后，进入秋季叶子
叶子开始跟随秋天变色　　　　　变色，开始直接露天种植让其适应阳光

第 **4** 章

引鸟植物各论

4.1　豆科

合欢 *Albizia julibrissin*

【**别名**】马缨花、绒花树、夜合合、合昏、鸟绒树、拂绒

【**招引鸟类**】叉尾太阳鸟、暗绿绣眼鸟

【**植物特征**】落叶乔木，高大；二回羽状复叶，羽片4～12对。头状花序于枝顶排成圆锥花序；花粉红色。荚果条形，扁平。花期6～7月；果期8～10月。

【**分布**】我国分布于东北至华南及西南部各地，国外可见于非洲、中亚至东亚余部，北美亦有栽培。

【**趣味知识**】

（1）合欢生长迅速，能耐砂质土及干燥气候，开花如绒簇，十分可爱，常植为城市行道树、观赏树。

（2）心材黄灰褐色，边材黄白色，耐久，多用于制作家具。

（3）嫩叶可食，老叶可以洗衣服。

（4）树皮可供药用，具有驱虫的效果。

银合欢 *Leucaena leucocephala*

【别名】白合欢、灰金合欢

【招引鸟类】暗绿绣眼鸟、白头鹎

【植物特征】灌木或小乔木；无刺；头状花序通常1~2个腋生；花白色。荚果；种子卵形，褐色。花期4~7月；果期8~10月。

【分布】国内见于中国南部地区；原产热带美洲，现广布于各热带地区。

【趣味知识】

（1）银合欢抗风力强，萌生力强，适合于荒山造林。

（2）银合欢的多个部位有不同用途，如种子可食，树皮可提取鞣料，树胶作食品乳化剂或代替阿拉伯胶。

（3）银合欢现常用于边坡绿化。

刺桐 *Erythrina variegata*

【别名】海桐

【招引鸟类】橙腹叶鹎、白喉红臀鹎、发冠卷尾、叉尾太阳鸟、暗绿绣眼鸟

【植物特征】落叶大乔木，高大。树皮灰褐色，分枝有圆锥形黑色皮刺。羽状复叶具3小叶；总状花序顶生。荚果圆柱形，种子肾形，暗红色。花期3月，果期8月。

【分布】原产热带亚洲，即印度、马来西亚，中国南方等地均有栽培。

【趣味知识】

（1）刺桐适合单植于草地或建筑物旁，可供公园、绿地及风景区美化，又是公路及市街的优良行道树。

（2）可栽作观赏树木。本种生长较迅速，可栽作胡椒的支柱。

（3）海桐皮在体外对金黄色葡萄球菌亦有抑制作用。

（4）中国吉林省通化市市花；福建省泉州市市花；日本冲绳县县花；阿根廷国花。

鸡冠刺桐 *Erythrina crista-galli*

【**招引鸟类**】叉尾太阳鸟、白喉红臀鹎、暗绿绣眼鸟

【**植物特征**】落叶灌木或小乔木，茎和叶柄稍具皮刺。羽状复叶具3小叶；小叶长卵形或披针状长椭圆形。花与叶同出，总状花序顶生，花深红色。荚果褐色，种子大，亮褐色。

【**分布**】原产南美巴西，秘鲁及南亚菲律宾，印度尼西亚，中国华南地区有栽培。

【**趣味知识**】

　　鸡冠刺桐适应性强，树态优美，树干苍劲古朴，花繁且艳丽，花形独特，花期长，具有较高的观赏价值。列植于草坪上，显得鲜艳夺目，是公园，广场，庭院，道路绿化的优良树种。

朱缨花 *Calliandra haematocephala*

【**别名**】红合欢、红绒球、美蕊花、美洲合欢

【**招引鸟类**】暗绿绣眼鸟、叉尾太阳鸟、红胸啄花鸟、朱背啄花鸟

【**植物特征**】落叶灌木或小乔木；托叶卵状披针形，二回羽状复叶。头状花序腋生，花红色。荚果线状倒披针形，暗棕色；种子长圆形，棕色。花期8～9月；果期10～11月。

【**分布**】我国台湾、福建、广东有引种，原产南美，现热带、亚热带地区常有栽培。

【**趣味知识**】

（1）观赏价值：朱缨花花色艳丽，是优良的观花树种，适宜在园林绿地中栽植。

（2）药用价值：树皮供药用有利尿、驱虫之效。

羊蹄甲 *Bauhinia purpurea*

【**别名**】紫花羊蹄甲、玲甲花

【**招引鸟类**】白头鹎、红耳鹎、黑领椋鸟、八哥、红嘴蓝鹊、黑脸噪鹛、黑领噪鹛、叉尾太阳鸟、暗绿绣眼鸟

【**植物特征**】乔木或直立灌木，高大；树皮厚，近光滑，灰色至暗褐色；叶硬纸质，近圆形，形似羊蹄。花瓣桃红色，倒披针形；种子近圆形，扁平，种皮深褐色。花期9～11月；果期2～3月。

【**分布**】国内分布于华南地区，国外可见于中南半岛、印度、斯里兰卡有分布。

【**趣味知识**】

（1）世界亚热带地区广泛栽培于庭园供观赏及作行道树。

（2）树皮、花和根供药用，为烫伤及脓疮的洗涤剂、嫩叶汁液或粉末可治咳嗽，但根皮剧毒，忌服。

红花羊蹄甲 *Bauhinia × blakeana*

【招引鸟类】白头鹎、红耳鹎、黑领椋鸟、八哥、红嘴蓝鹊、黑脸噪鹛、黑领噪鹛、叉尾太阳鸟、暗绿绣眼鸟

【植物特征】乔木。叶革质，近圆形或阔心形，总状花序顶生或腋生，有时复合成圆锥花序，花大且美丽；花瓣红紫色，具短柄，倒披针形。通常不结果花期全年，3～4月为盛花期。

【分布】国内分布于南方地区，国外可见于越南、印度，且世界各地广泛栽植。

【趣味知识】

（1）该物种是美丽的观赏树木，花大，紫红色，盛开时繁英满树，终年常绿繁茂，颇耐烟尘，特适于作行道树。

（2）树皮含单宁，可用作鞣料和染料，树根、树皮和花朵还可以入药。

宫粉羊蹄甲 *Bauhinia variegate*

【**别名**】宫粉紫荆、弯叶树、红花紫荆、羊蹄甲、洋紫荆

【**招引鸟类**】白头鹎、红耳鹎、黑领椋鸟、八哥、红嘴蓝鹊、叉尾太阳鸟、黑领噪鹛、黑脸噪鹛、暗绿绣眼鸟

【**植物特征**】落叶乔木；树皮暗褐色，近光滑。叶近革质，广卵形至近圆形，总状花序侧生或顶生。荚果带状，扁平；种子扁平。花期全年，3月最盛。

【**分布**】国内分布于华南地区，国外于印度、中南半岛有分布。

【**趣味知识**】

（1）花期长，生长快，为良好的观赏及蜜源植物，在热带、亚热带地区广泛栽培。木材坚硬，可作农具。

（2）用于肝炎，咳嗽痰喘，风热咳嗽。树皮含单宁；根皮用水煎服可治消化不良；花芽、嫩叶和幼果可食。

台湾相思 *Acacia confusa*

【**别名**】相思仔、台湾柳、相思树

【**招引鸟类**】白头鹎、红耳鹎、黑领椋鸟、八哥、红嘴蓝鹊、黑脸噪鹛、黑领噪鹛、叉尾太阳鸟、暗绿绣眼鸟

【**植物特征**】常绿乔木，高大；叶状柄革质，披针形。头状花序球形，花金黄色，有微香，花瓣淡绿色。荚果扁平，干时深褐色，有光泽；种子椭圆形，压扁。花期3～10月；果期8～12月。

【**分布**】国内分布于南方地区，国外可见于菲律宾、印度尼西亚、斐济。

【**趣味知识**】

（1）本种生长迅速，耐干旱，是华南地区荒山造林、水土保持和沿海防护林的重要树种。

（2）材质坚硬，可为车轮，桨橹及农具等所用。

（3）树皮含单宁；花含芳香油，可作调香原料。

4.2　樟科

樟 *Cinnamomum camphora*

【**别名**】小叶樟、番樟、木樟、瑶人柴、油樟、香樟、樟树

【**招引鸟类**】白头鹎、红耳鹎、鹊鸲、乌鸫、灰背鸫、乌灰鸫、橙头地鸫、白腹鸫、怀氏虎鸫、白眉鸫、远东山雀

【**植物特征**】乔木，高大；树皮灰褐色。枝条圆柱形，紫褐色。花绿白或带黄色；果卵球形或近球形，紫黑色。花期5～6月；果期7～8月。

【**分布**】国内分布于华南和西南地区，国外可见于越南、朝鲜和日本。

【**趣味知识**】

（1）萌芽力强，耐修剪。

（2）抗二氧化硫、臭氧、烟尘污染能力强，能吸收多种有毒气体是城市优良的绿化树、行道树及庭荫树。

（3）较抗风，树枝坚韧。

（4）樟树全体均有樟脑香气，可提制樟脑和提取樟油。

（5）木材坚硬美观，可以制家具、箱子。

黄樟 *Cinnamomum parthenoxylon*

【别名】蒲香树、樟脑树、大叶樟、假樟、黄槁、香喉

【招引鸟类】灰喉山椒鸟、白头鹎、远东山雀、暗绿绣眼鸟

【植物特征】常绿乔木，高大；树皮暗灰褐色，圆柱形；叶互生，通常为椭圆状卵形或长椭圆状卵形；圆锥花序于枝条上部腋生或近顶生；子房卵珠形果球形，黑色。花期3～5月，果期4～10月。

【分布】国内分布于中国南方地区，国外可见于巴基斯坦、印度经马来西亚至印度尼西亚。

【趣味知识】

（1）叶可供饲养天蚕。其枝叶可提供樟脑和樟油，樟脑和樟油被广泛用于工业医药、化工行业。

（2）樟树树姿秀丽、四季常绿、树干高大、生长较快，可用于绿化造林。

（3）樟木质地坚实、纹理细密、富有香气，是一种贵重木材。

（4）樟脑多用于医药。果核含脂肪高，核仁含油率达60%，油可供制肥皂用。

4.3 松科

马尾松 *Pinus massoniana*

【别名】 枞松、山松、青松

【招引鸟类】 白头鹎、斑文鸟

【植物特征】 乔木，高大；树皮红褐色，树冠宽塔形或伞形，针叶，细柔。雄球花淡红褐色，圆柱形，雌球花淡紫红色；球果卵圆形或圆锥状卵圆形，种子长卵圆形。4~5月开花，球果次年10~12月成熟。

【分布】 分布极广，北自河南及山东南部，南至两广、湖南、台湾，东自沿海，西至四川中部及贵州，遍布于华中华南各地。

【趣味知识】

（1）木材极耐水湿，有"水中千年松"之说，特别适用于水下工程。

（2）木材脱脂后为造纸和人造纤维工业的重要原料，马尾松也是中国主要产脂树种，松香是许多轻、重工业的重要原料，主要用于造纸、橡胶、油漆、胶粘等工业。

（3）松节油可合成松油，加工树脂，合成香料，生产杀虫剂，并为许多贵重萜烯香料的合成原料。

（4）松针含有挥发油，可提取松针油，供作清凉喷雾剂，皂用香精及配制其他合成香料，还可浸提栲胶。

（5）树皮可制胶黏剂和人造板。松子含油30%，除食用外，可制肥皂、油漆及润滑油等。

（6）球果可提炼原油。松根可提取松焦油，也可培养贵重的中药材——茯苓。花粉可入药。松枝富含松脂，火力强，是群众喜爱的薪柴，供烧窑用，还可提取松烟墨和染料。

4.4 楝科

棟 *Melia azedarach*

【**别名**】苦楝树、金铃子、川楝子、森树、紫花树、楝树

【**招引鸟类**】珠颈斑鸠、白头鹎、红耳鹎、丝光椋鸟、黑领椋鸟、灰背椋鸟、灰椋鸟、乌鸫、灰背鸫、黑脸噪鹛、暗绿绣眼鸟

【**植物特征**】落叶乔木，高大；树皮灰褐色。叶为 2 ～ 3 回奇数羽状复叶；花芳香，花瓣淡紫色，倒卵状匙形；核果球形至椭圆形，种子椭圆形。花期 4 ～ 5 月，果期 10 ～ 12 月。

【**分布**】我国黄河以南各省区较常见；广布于亚洲热带和亚热带地区，温带地区栽培。

【**趣味知识**】

（1）边材黄白色，心材黄色至红褐色，纹理粗而美，质轻软，有光泽，

施工容易，是家具、建筑、农具、舟车、乐器等良好用材。

（2）用鲜叶可灭钉螺和作农药，用根皮可驱蛔虫和钩虫，但有毒，用时要严遵医嘱。

（3）根皮粉调醋可治疥癣，用苦楝子做成油膏可治头癣。

（4）果核仁油可供制油漆、润滑油和肥皂。

4.5 桑科

构 *Broussonetia papyrifera*

【别名】毛桃、谷树、谷桑、楮、楮桃、构树

【招引鸟类】：珠颈斑鸠、白头鹎、红耳鹎、白喉红臀鹎、乌鸫、鹊鸲、黄眉姬鹟、北灰鹟、远东山雀、暗绿绣眼鸟、黑尾蜡嘴雀、金翅雀

【植物特征】落叶乔木；树皮暗灰色。树冠卵形至广卵形；树皮平滑，浅灰色或灰褐色，全株含乳汁。花雌雄异株，雄花序粗，雌花序头状：聚花果球形，熟时橙红色，肉质。花期4～5月；果期6～7月。

【分布】中国南北各地广布，国外可见于锡金、缅甸、马来西亚、泰国、越南、日本、朝鲜。

【趣味知识】

（1）一种绿化树种，能抗二氧化硫、氟化氢和氯气等有毒气体；可用作行道树。

（2）构树嫩叶可喂猪，采用构树叶为主要原料发酵制成的饲料，不含农药、激素，促进猪的生长。

（3）药用价值大，果与根入药，功能补肾、利尿、强筋骨。

（4）古人有云：构粒果夹生食以，且饮或服鼻取之。

榕树 *Ficus microcarpa*

【**别名**】赤榕、红榕、万年青、细叶榕

【**招引鸟类**】噪鹛、白头鹎、红耳鹎、白喉红臀鹎、鹊鸲、乌鸫、灰背鸫、乌灰鸫、远东山雀、暗绿绣眼鸟

【**植物特征**】乔木，高大；树皮深灰色，叶薄革质，狭椭圆形；雄花、雌花、瘿花同生于一榕果内；榕果成对腋生或生于落叶枝叶腋，熟时黄或微红色，扁球形。花期为5～6月。

【**分布**】中国华南和西南有分布并为常见栽培种，国外可见于斯里兰卡、印度、缅甸、泰国、越南、马来西亚、菲律宾、日本、巴布亚新几内亚和澳大利亚直至加罗林群岛。

【**趣味知识**】

（1）冠幅广展，可作行道树。

（2）药用价值大。气根、树皮和叶芽作清热解表药。

（3）观赏价值大。从树冠上垂挂下来的气生根能为园林环境创造出热带雨林的自然景观；榕树可被制作成盆景，作为一种装饰；也可以作为孤植树观赏之用。

枕果榕 *Ficus drupacea*

【**招引鸟类**】白头鹎、红耳鹎、乌鸫、暗绿绣眼鸟

【**植物特征**】常绿乔木，无气生根；树皮灰白色。叶革质，长椭圆形至倒卵椭圆形。榕果成对腋生，长椭圆状枕形，成熟时橙红至鲜红色；雄花、瘿花、雌花同生于一榕果内；瘦果近球形，表面有小瘤体。花期初夏。

【**分布**】中国广东、广西、海南有野生和栽培，国外可见于南亚和东南亚各国。

【**趣味知识**】

作为园林绿化和行道树用，在栽植数年后叶绿繁茂，遮阳效果良好。

高山榕 *Ficus altissima*

【别名】高榕、万年青、大青树、大叶榕、鸡榕

【招引鸟类】白头鹎、红耳鹎、乌鸫、远东山雀、暗绿绣眼鸟

【植物特征】大乔木，高大；树皮灰色，平滑；叶厚革质，广卵形至广卵状椭圆形；榕果成对腋生，椭圆状卵圆形；瘦果表面有瘤状凸体，花柱延长。花期3~4月，果期5~7月。

【分布】国内分布于华南地区，国外可见于尼泊尔、锡金、不丹、印度（安达曼群岛）、缅甸、越南、泰国、马来西亚、印度尼西亚、菲律宾。

【趣味知识】

（1）是极好的城市绿化树种，树冠广阔，树姿稳健壮观，非常适合用作园景树和遮荫树。

（2）是优良的紫胶虫寄主树。

（3）可作为榕树盆景。

粗叶榕 *Ficus hirta*

【别名】五指毛桃、马草果、佛掌榕、大青叶、大果粗叶榕

【招引鸟类】白头鹎、黑脸噪鹛

【植物特征】灌木或落叶小乔木，有乳汁；叶片纸质，多型，长椭圆状披针形或狭广卵形；榕果成对腋生或生于落叶枝上，球形或椭圆状球形；瘦果椭圆形，光滑。花果期4～6月。

【分布】国内分布于南方地区，又以广东河源人工种植面积最广，国外可见于锡金、印度（东北部）、缅甸、越南、泰国和印度尼西亚等地。

【趣味知识】

（1）果实可食用。根部可用于煲汤，其汤有股椰香味。

（2）可作药材，调理身体，具有很好的药理作用。

（3）可以泡酒，治神经衰弱健脾补肺，行气利湿，舒筋活络。

杂色榕 *Ficus variegata*

【**别名**】斡花榕、青果榕

【**招引鸟类**】白头鹎

【**植物特征**】乔木，高大；树皮灰褐色，平滑。叶互生，厚纸质，广卵形至卵状椭圆形。榕果簇生于老茎发出的瘤状短枝上，球形，成熟榕果红色。瘦果倒卵形，薄被瘤体。花期冬季。

【**分布**】我国见于广东、广西、海南和云南南部，国外分布于马来西亚、印度（包括南安达曼岛）、缅甸、越南、所罗门群岛和澳大利亚。

【**趣味知识**】

（1）杂色榕的榕果熟时可食用。

（2）杂色榕树冠庞大，分枝较多，结实力强，树汁丰富，为紫胶虫生长发育提供了良好的食物来源和栖息场所，是优良的紫胶虫夏代寄主树。

大果榕 *Ficus auriculata*

【**别名**】蜜枇杷、波罗果、大无花果、馒头果、木瓜榕

【**招引鸟类**】红耳鹎、白头鹎、暗绿绣眼鸟

【**植物特征**】乔木或小乔木，高大。树皮灰褐色，粗糙。叶互生，厚纸质，广卵状心形。榕果簇生于树干基部或老茎短枝上，大而梨形或扁球形至陀螺形，成熟脱落，红褐色。瘦果有黏液。花期8月至翌年3月，果期5～8月。

【**分布**】国内分布于海南、广西、云南、贵州、四川等。国外分布于印度、越南、巴基斯坦。

【**趣味知识**】

（1）大果榕嫩枝叶柔嫩，可作蔬菜食用，味道鲜美；成熟果实的深红色果肉，可作水果食用，味清香蜜甜。还可作家畜饲料，适口性好。

（2）大果榕树幅大，分枝多，枝条光滑而健壮，是优良的庭院绿化观赏植物。

（3）成熟的大果榕果实晒干后也可药用，有催乳，补气，生血之功效。主治产妇气虚无乳，肺虚气喘。

黄葛树 *Ficus virens*

【别名】黄葛榕、大叶榕、黄桷树、绿黄葛树

【招引鸟类】黑脸噪鹛、白头鹎、红耳鹎、白喉红臀鹎、鹊鸲、乌鸫、灰背鸫、乌灰鸫、暗绿绣眼鸟、红嘴蓝鹊

【植物特征】落叶或半落叶乔木,具板根或支气根;叶近披针形,叶薄革质或厚纸质;雄花、瘿花、雌花生于同一榕果内,榕果单生或成对腋生,或簇生于落叶枝叶腋,球形,熟时紫红色。花期4～8月。

【分布】国内分布于陕西南部、贵州、四川、云南(除西北外几近全省)、湖北(宜昌西南)、广西(百色、隆林)等地,国外见于斯里兰卡、印度(包括安达曼群岛)、不丹、缅甸、泰国、越南、马来西亚、印度尼西亚、菲律宾、巴布亚新几内亚至所罗门群岛和澳大利亚北部。

【趣味知识】

　　(1)多见于江边的道旁,为良好的遮阳树。

　　(2)木材纹理细致,美观,可供雕刻。

桂木 *Artocarpus parvus*

【别名】大叶胭脂、红桂木、胭脂木

【招引鸟类】红耳鹎、白喉红臀鹎、暗绿绣眼鸟、白头鹎、乌鸫、黑领椋鸟

【植物特征】乔木，高大，树干通直；叶革质，长圆状椭圆形或倒卵状椭圆形，托叶披针形，早落；雄花序倒卵形或长圆形，雌花序近头状，雌花花柱伸出苞片外；聚花果近球形，表面粗糙被毛，成熟红色，肉质，干时褐色。花期3～5月；果期5～9月。

【分布】国内分布于广东、海南、广西等地，国外于泰国、越南北部、柬埔寨有栽培。

【趣味知识】

（1）成熟聚合果可食。

（2）木材坚硬，纹理细微，可供建筑用材或家具等原料用材。

（3）药用活血通络，清热开胃，收敛止血。

无花果 *Ficus carica*

【别名】阿驵、红心果

【招引鸟类】红耳鹎、白头鹎、暗绿绣眼鸟

【植物特征】落叶灌木；树皮灰褐色，皮孔明显。叶互生，厚纸质，广卵圆形。雌雄异株，雄花和瘿花同生于一榕果内壁。榕果单生叶腋，大而梨形，成熟时紫红色或黄色；瘦果透镜状。花果期5~7月。

【分布】原产地中海沿岸。国外分布于土耳其至阿富汗。国内南北均有栽培，新疆南部尤多。

【趣味知识】

（1）无花果果实可以加工制作成果酱、果脯、果粉、糖浆及系列饮料等。

（2）无花果还有药用价值，有清热生津；健脾开胃；解毒消肿的功效。

（3）无花果不仅可做庭院、公园的观赏树木，也因具有良好的吸尘效果，能忍受的有毒气体和大气污染，是化工污染区绿化的好树种。而且无花果适应性强，抗风、耐旱、耐盐碱，在沿海地区栽植，既可以起到防风固沙、绿化沙滩的作用。

4.6 大麻科

朴树 *Celtis sinensis*

【招引鸟类】灰喉山椒鸟、白头鹎、红耳鹎、橙腹叶鹎、远东山雀、暗绿绣眼鸟

【植物特征】落叶乔木，高大。树皮平滑，灰色。叶互生，革质，宽卵形至狭卵形。花杂性，1～3朵生于当年枝的叶腋。果单生叶腋，近球形，成熟时黄或橙黄色；果核近球形，白色。花期4～5月，果期9～11月。

【分布】国内分布于淮河流域、秦岭以南至华南各省区、长江中下游和以南诸省（区）以及我国台湾地区。国外分布于越南和老挝。

【趣味知识】

（1）朴树可作行道树，对二氧化硫、氯气等有毒气体的抗性强。

（2）茎皮为造纸和人造棉原料；果实榨油作润滑油；木材坚硬，可供工业用材。

（3）根、皮、螨叶入药有消肿止痛、解毒治热的功效，外敷治水火烫伤；叶制土农药，可杀红蜘蛛。

4.7 漆树科

盐麸木 *Rhus chinensis*

【别名】红盐果、土椿树、山梧桐、五倍子树、盐肤木

【招引鸟类】白头鹎、红耳鹎、栗背短脚鹎、灰喉山椒鸟、赤红山椒鸟、棕颈钩嘴鹛、东亚石䳭

【植物特征】落叶小乔木或灌木，较矮；枝条为棕褐色，叶片有柔毛分布，奇数羽状复叶，叶子为卵形或椭圆状卵形或长圆形；果实成熟时为红色。花期8～9月，果期10月。

【分布】在中国除东北、内蒙古和新疆外，其余各地均有分布；国外分布于印度、中南半岛、马来西亚、印度尼西亚、日本和朝鲜。

【趣味知识】

（1）可用于制药或用作工业原料等。

（2）幼枝和叶可作土农药。皮部、种子可榨油。

（3）根、叶、花及果均可供药用。清热解毒、舒筋活络、散瘀止血、涩肠止泻之效。

（4）在园林绿化中，可作为观叶、观果的树种。

（5）蜜、粉丰富，是良好的蜜源植物。

野漆 *Toxicodendron succedaneum*

【别名】山贼子、檫仔漆、痒漆树、山漆树、大木漆、野漆树

【招引鸟类】白头鹎、红耳鹎、远东山雀、暗绿绣眼鸟

【植物特征】落叶乔木或小乔木，小枝粗壮，叶片为奇数羽状复叶坚纸质至薄革质，叶片形状为长圆状或椭圆形或阔披针形或卵状披针形，叶片无毛，叶背有白粉；核果淡黄色。

【分布】国内分布于华北至长江以南各地；国外分布于印度、中南半岛、朝鲜和日本。

【趣味知识】

（1）根、叶及果入药，有清热解毒、散瘀生肌、止血、杀虫之效；治毒蛇咬伤，又可治尿血、血崩等症。

（2）种子油可制皂或掺和干性油作油漆。

（3）中果皮之漆蜡可制蜡烛等。树皮可提栲胶。树干乳液可代生漆用。

（4）木材坚硬致密，可作细工用材。

（5）具有解痉作用、抑菌作用。

南酸枣 *Choerospondias axillaris*

【别名】棉麻树、醋酸果、花心木、五眼果、山桉果、山枣子

【招引鸟类】红耳鹎、白头鹎、暗绿绣眼鸟

【植物特征】落叶乔木，高大；树皮灰褐色，片状剥落，小枝粗壮，具皮孔。奇数羽状复叶，叶片膜质至纸质，叶形为卵形或卵状披针形或卵状长圆形，叶缘具粗锯齿，小叶柄纤细。核果椭圆形或倒卵状椭圆形，成熟时黄色。

【分布】国内分布于西藏及华南地区，国外可见于印度、中南半岛和日本。

【趣味知识】

（1）具有较大的经济价值：我国南方优良速生用材树种，其木材结构略粗，花纹美观，可加工成工艺品；果实甜酸，可生食、酿酒和加工酸枣糕；果核可做活性炭原料；树皮还可作为鞣料和栲胶的原料。

（2）有行气活血、养心安神、消食，解毒，醒酒、抗心肌缺血、保护心功能等作用。主治气滞血瘀，胸痹作痛，心悸气短，心神不安。食滞腹痛，酒醉。

人面子 *Dracontomelon duperreanum*

【别名】银莲果、人面树

【招引鸟类】白头鹎、红耳鹎、暗绿绣眼鸟

【植物特征】常绿大乔木，幼枝具条纹，被灰色绒毛。奇数羽状复叶，叶互生，革质，叶形为长圆形，阔楔形至近圆形，花白色，有少量柔毛；萼片阔卵形或椭圆状卵形，花瓣披针形或狭长圆形开花时会外卷，花药长圆形；核果扁球形，成熟时黄色。

【分布】国内分布于云南（东南部）、广西、广东；国外分布于越南。

【趣味知识】

（1）人面子是优良的"四旁"和庭园绿化树种，也是适合作行道树或广场孤植、对植的优良树种。

（2）人面子根皮、叶可入药，具健胃、生津、解毒等功效。

（3）果肉可食或加工制其他食品。

（4）木材致密而有光泽，耐腐力强，适供建筑和家具用材。种子油可制皂或作润滑油。

4.8 禾本科

结缕草 *Zoysia japonica*

【别名】锥子草、延地青

【招引鸟类】文鸟类

【植物特征】横走根茎，须根细弱；秆直立，基部常有宿存枯萎的叶鞘。每节生有大量须根，根须十分发达。小穗卵形，淡黄绿色或带紫褐色。花果期为5～8月。

【分布】国内分布于东北、河北、山东、江苏、安徽、浙江、福建、台湾，国外分布在朝鲜、日本，引种至北美。

【趣味知识】

（1）结缕草地下茎盘根错节，十分发达，形成不易破裂的成草土，叶片密集、覆被性好，具有很强的护坡、护堤效益，是一种良好的水土保持植物。

（2）粗灰分与钙的含量高，营养高，饲用价值大，再生力强，是牧场畜类的天然饲料。

（3）结缕草抗踩踏、弹性良好、再生力强、病虫害少、养护管理容易、寿命长，是中国各地的运动场地天然的草坪。

白茅 *Imperata cylindrica*

【**别名**】毛启莲、红色男爵白茅

【**招引鸟类**】文鸟类

【**植物特征**】粗壮的长根状茎，秆直立，高30～80厘米，具1～3节，节无毛；颖果椭圆形，花果期4～6月。

【**分布**】国内分布于河南、辽宁、河北、山西、山东、陕西、新疆等北方地区。国外可见于非洲北部、土耳其、伊拉克、伊朗、中亚、高加索及地中海区域。

【**趣味知识**】

　　（1）根茎可入药，有凉血止血，清热通淋，利湿退黄，疏风利尿，清肺止咳等功效。

　　（2）白茅在古代有象征爱情之意，故送白茅亦有"以身相许"的意思。

　　（3）先秦时的巫师，甚至用白茅当作召唤神明的法器。除了招引神明，白茅还可用于驱邪避秽。

龙爪茅 *Dactyloctenium aegyptium*

【别名】竹目草、埃及指梳茅

【招引鸟类】斑文鸟、白腰文鸟

【植物特征】一年生草本植物，秆直立，基部横卧地面，于节处生根且分枝。叶缘被柔毛；叶舌膜质，顶端具纤毛；叶片扁平，鳞被楔形，折叠，具5脉。囊果球状。花果期5～10月。

【分布】国内分布于浙江、台湾、广东、广西等省区。全世界热带及亚热带地区均有分布。

【趣味知识】

（1）主治脾气不足，劳倦伤脾、气短乏力、纳食减少，有补气健脾的功效，药用价值高。

（2）在农村地区孩童会把龙爪茅折成"小伞、权杖"等小玩具。

4.9 大戟科

白背叶 *Mallotusapelta*

【别名】雄株、白匏仔、白背木、白吊栗、野桐、白面戟

【招引鸟类】绿翅短脚鹎、棕颈钩嘴鹛、灰眶雀鹛、白腹姬鹟、北灰鹟、鸲姬鹟、暗绿绣眼鸟

【植物特征】小乔木或灌木，小枝、叶柄及花序均密被淡黄色星状柔毛；花雌雄异株；蒴果球形，有较多软刺，白色柔毛；种子黑色，近球形。花期6～9月，果期8～11月。

【分布】云南、广西、广东、湖南、江西、福建、海南。

【趣味知识】

本种为撂荒地的先锋树种；茎皮可供编织；种子含油率达36%，含 α-粗糠柴酸，可供制油漆，或合成大环香料、杀菌剂、润滑剂等原料；根和叶可入药。

乌桕 *Triadica sebifera*

【别名】木子树、腊子树、米桕、糠桕、多果乌桕、桂林乌桕

【招引鸟类】红耳鹎、白头鹎、暗绿绣眼鸟

【植物特征】乔木，叶互生，纸质，叶片菱形；花单性，雌雄同株。花期为4～8月；种子为黑色扁球形，外被白色蜡质的假种皮；蒴果梨状球形，呈绿色，成熟时黑色。白色的乌桕果实吸引鸟类来啄食。

【分布】在我国主要分布于黄河以南各省区，北达陕西、甘肃。

【趣味知识】

（1）经济价值：木材好，可用于建筑。

（2）工业价值：叶片可制黑色染料；假种皮溶解后可制肥皂、蜡烛；种子油适于涂料。

（3）药用价值：根皮可治毒蛇咬伤。

（4）古籍：乌桕[时珍曰]："乌桕，乌喜食其子，因以名之。"

（5）园林价值：可用作堤树、庭荫树及行道树。

山乌桕 *Triadicacochinchinensis*

【**别名**】红心乌桕

【**招引鸟类**】白头鹎、红耳鹎、灰背鸫

【**植物特征**】乔木或灌木，小枝灰褐色有皮孔。叶互生，纸质，嫩叶淡红色；雌雄同株；花期30～40天，主要泌蜜期20～25天；蒴果球形呈黑色，种子近球形，外被蜡质的假种皮。花期4～6月；果熟期为6～9月。

【**分布**】中国长江以南各地，包括我国台湾省的山区。

【**趣味知识**】

（1）经济价值：种子油可制肥皂。木材轻软，可制火柴枝及茶叶容器。

（2）药用价值：山乌桕的叶、根皮和树皮可药用，具有泻下逐水，散瘀消肿。

（3）园林价值：山乌桕为乔木类，可用作遮阳树，冬季满树红叶，也可作为庭院观赏树种。

秋枫 *Bischofiajavanica*

【**招引鸟类**】白头鹎、白腹鸫

【**植物特征**】常绿或半常绿大乔木，树高大，最高可达40米；树皮灰褐色至棕褐色，嫩树皮光滑，老树皮粗糙，内皮为纤维质，质地较脆；砍伤树皮后流出汁液为红色，汁液干凝后呈瘀血状；木材新鲜时有酸味，干后无味。叶片纸质，叶形卵形、椭圆形、倒卵形或椭圆状卵形；雌雄异株；果实淡褐色呈浆果状，圆球形或近圆球形，种子长圆形。花期4～5月，果期8～10月。

【**分布**】分布于陕西、江苏、安徽、浙江、江西、台湾、河南、湖北、湖南、广东、海南、广西、四川、贵州、云南、福建等地区。

【**趣味知识**】

（1）药用价值：根、树皮及叶可入药。

（2）园林价值：宜作庭园树和行道树，也可在草坪、湖畔、溪边、堤岸栽植。

（3）经济价值：种子含油量30%～54%，供食用，也可作润滑油；材质优良，坚硬耐用。

（4）工业价值：树皮可提取红色染料。

五月茶 *Antidesma bunius*

【别名】五味子

【招引鸟类】白头鹎、红耳鹎、乌鸫、暗绿绣眼鸟、红嘴蓝鹊、白喉红臀鹎

【植物特征】乔木，叶背中脉、叶柄、花萼两面和退化雌蕊被短柔毛或柔毛，其余部分无毛分布；叶片纸质，长椭圆形、倒卵形或长倒卵形，基部宽楔形或楔形，叶面深绿色，叶背绿色；核果近球形或椭圆形，熟时为红色；花期3～5月，果期6～11月。

【分布】国内分布于江西、福建、湖南、广东、海南、广西、贵州、云南和西藏等地，广布于亚洲热带地区直至澳大利亚昆士兰。

【趣味知识】

（1）散孔材，木材淡棕红色，纹理直至斜，结构细，材质软，适于作箱板用料。

（2）果微酸，供食用及制果酱。

（3）叶供药用，治小儿头疮；根叶可治跌打损伤。

（4）叶深绿，红果累累，为美丽的观赏树。

4.10 木犀科

木犀 *Osmanthus fragrans*

【**别名**】丹桂、刺桂、桂花、四季桂、银桂、桂、彩桂

【**招引鸟类**】白头鹎、红耳鹎、白喉红臀鹎、八哥

【**植物特征**】常绿乔木或灌木，叶片革质，叶形椭圆形、长椭圆形或椭圆状披针形，叶缘通常上半部具细锯齿，两面有水泡状的连片腺点突起。花梗细弱，无毛；花的气味芳香；花冠为黄白色、淡黄色、黄色或橘红色。果黑紫色，歪斜，呈椭圆形。花期9～10月上旬，果期翌年3月。

【**分布**】原产我国西南部。现各地广泛栽培。

【**趣味知识**】

（1）桂花味辛，可入药。以花、果实及根入药。可治疗牙痛，咳喘痰多，经闭腹痛，虚寒胃痛，风湿筋骨疼痛，腰痛，肾虚牙痛。

（2）桂花不仅可以酿酒，还可以做成各种美食糕点、糖果。

（3）桂树的木材材质致密，纹理美观，不易炸裂，刨面光洁，是良好的雕刻用材。

女贞 *Ligustrum lucidum*

【别名】大叶女贞、冬青、落叶女贞

【招引鸟类】白头鹎、红耳鹎、暗绿绣眼鸟

【植物特征】灌木或乔木，树皮灰褐色。枝黄褐色、灰色或紫红色，有少量圆形或长圆形皮孔。叶片常绿革质，叶形卵形、长卵形或椭圆形至宽椭圆形；花柱柱头棒状。果实肾形或近肾形，初为深蓝黑色，成熟时呈红黑色，有白粉。花期5～7月，果期7月至翌年5月。

【分布】广布于长江流域及以南地区，华北、西北地区也有栽培。

【趣味知识】

（1）女贞四季婆娑，枝干扶疏，枝叶茂密，树形整齐，是园林中常用的观赏树种，可于庭院孤植或丛植，亦作为行道树。因其适应性强，生长快又耐修剪，也用作绿篱。

（2）书籍《神农本草经疏》记载具有凉血、益血之效。

（3）女贞树姿容秉性可以用《本草纲目》中的一句话以蔽之："此木凌冬青翠，有贞守之操，故以贞女状之。"

4.11　锦葵科

朱槿 *Hibiscus rosa-sinensis*

【别名】状元红、桑槿、大红花、佛桑、扶桑、花叶朱槿

【招引鸟类】叉尾太阳鸟、暗绿绣眼鸟

【植物特征】常绿灌木，矮小。叶阔卵形或狭卵形，先端渐尖，基部圆形或楔形，叶缘具粗齿；叶形为托叶线形，有毛。花冠玫瑰红色或淡红、淡黄等色，花瓣形状呈倒卵形，先端圆，外面被少量柔毛。蒴果卵形，平滑无毛，花期全年。

【分布】广东、云南、台湾、福建、广西、四川等地栽培。

【趣味知识】

（1）美丽的观赏花木，花大色艳，花期长，除红色外，还有粉红、橙黄、黄、粉边红心及白色等不同品种；除单瓣外，还有重瓣品种。

（2）根、叶、花均可入药，有清热利水、解毒消肿之功效。

（3）大红花是中国广西首府南宁市市花，在马来西亚作为国花。

木棉 *Bombax ceiba*

【**别名**】攀枝、斑芝树、斑芝棉、攀枝花、英雄树、红棉

【**招引鸟类**】珠颈斑鸠、白头鹎、红耳鹎、白喉红臀鹎、栗背短脚鹎、黑卷尾、丝光椋鸟、黑领椋鸟、灰椋鸟、八哥、红嘴蓝鹊、喜鹊、暗绿绣眼鸟、鹊鸲、乌鸫、北红尾鸲、黑脸噪鹛、红胸啄花鸟、叉尾太阳鸟、麻雀。

【**植物特征**】落叶大乔木，较高大，树皮呈灰白色，幼树的树干通常有圆锥状的粗刺；叶片掌状复叶，花瓣质地肉质，形状为倒卵状长圆形。蒴果长圆形，种子倒卵形，质地光滑。花期3～4月，果夏季成熟。

【**分布**】国内可见于华南、华东南部、西南地区及台湾，国外分布于印度，斯里兰卡、中南半岛、马来西亚、印度尼西亚至菲律宾及澳大利亚北部都有分布。

【**趣味知识**】

（1）树形高大雄伟，春季红花盛开，是优良的行道树、庭荫树和风景树。可园林栽培观赏。

（2）花可供蔬食，入药清热除湿，能治菌痢、肠炎、胃痛；根皮祛风湿、理跌打；树皮为滋补药，亦用于治痢疾和月经过多。

（3）木棉生长迅速，材质轻软，可供蒸笼、包装箱之用。木棉纤维短而细软，无拈曲，中空度高达86%以上，远超人工纤维和其他任何天然材料，不易被水浸湿，且耐压性强，保暖性强，天然抗菌，不蛀不霉，可填充枕头、救生衣。木棉纤维被誉为"植物软黄金"，是目前天然纤维中较细、较轻、中空度较高、较保暖的纤维材料。

金铃花 *Abutilon pictum*

【别名】显脉苘麻、金铃木、风铃花、脉纹悬铃花、灯笼花

【招引鸟类】叉尾太阳鸟、暗绿绣眼鸟

【植物特征】常绿灌木，矮小。叶缘具锯齿或粗齿，叶片无毛或被少量星状柔毛；叶柄无毛，叶片卵状披针形，子房被毛，花柱分枝紫色，柱头头状。果未见，花期5~10月。

【分布】我国福建、浙江、江苏、湖北、北京、辽宁等地各大城市栽培，原产南美洲的巴西、乌拉圭等地。

【趣味知识】

（1）金铃花为园林中很有观赏价值的植物，可以布置花丛、花境，也可作盆栽，悬挂花篮等。

（2）金铃花的叶和花可活血祛瘀，舒筋通络。用于跌打损伤。

垂花悬铃花 *Malvaviscus penduliflorus*

【招引鸟类】叉尾太阳鸟、暗绿绣眼鸟

【植物特征】灌木，高达3米。叶卵状披针形，叶缘具有钝齿，叶柄被长柔毛；花红色，下垂，筒状。果为肉质浆果状体，干后分裂。

【分布】国内于广东广州和云南西双版纳及陇川等地引种栽培，原产墨西哥和哥伦比亚。

【趣味知识】

（1）垂花悬铃花的花较为美丽，主供园林观赏用，为园林绿化树种的重要观赏树种。

（2）具有生态价值，有吸附烟尘和净化有害气体的作用，可供厂矿污染区作绿化。

（3）采集根皮和叶去杂质，鲜用或晒干备用。味苦；性寒；清热解毒、拔毒消肿、收湿敛疮、生肌止痛；治恶疮、湿疮流水、溃疡不敛、牙疳口疮。

非洲芙蓉 *Dombeya wallichii*

【别名】吊芙蓉、百铃花

【招引鸟类】暗绿绣眼鸟、叉尾太阳鸟、红耳鹎、白头鹎

【植物特征】常绿大灌木或小乔木，一般高2～3米。整体树冠圆形，枝叶被柔毛；叶心形，粗糙有钝锯齿；掌状脉7～9条；伞形花序从叶腋间伸出，花粉红色至红色。

【分布】国内于广东广州和云南西双版纳及陇川等地引种栽培，原产墨西哥和哥伦比亚。

【趣味知识】

（1）全开时聚生且悬吊而下，像粉红色花球。

（2）冬季开花，花期12月至翌年3月，可作冬季鸟类的食源补充。

（3）暗绿绣眼鸟、叉尾太阳鸟等会倒挂其上取食花蜜，景观效果良好。

4.12 蔷薇科

山莓 *Rubus corchorifolius*

【**别名**】馒头菠、刺葫芦、泡儿刺、龙船泡、三月泡、树莓

【**招引鸟类**】栗耳凤鹛

【**植物特征**】直立灌木，高1～3米；枝具皮刺，幼时被柔毛。单叶，卵形至卵状披针形，近截形或近圆形；托叶线状披针形，具柔毛。花单生或少数生；花梗具细柔毛；花萼外密被细柔毛，无刺；萼片卵形或三角状卵形，花瓣长圆形或椭圆形，白色，顶端圆钝；果实由很多小核果组成，近球形或卵球形，红色，密被细柔毛；核具皱纹。花期2～3月，果期4～6月。

【**分布**】中国分布于除东北、西北和西藏外的各地区，国外可见于朝鲜、日本、缅甸、越南。

【**趣味知识**】

（1）药用价值：以根和叶入药。可制作抗癌，抗菌，抗氧化，抗炎等作用的药。

（2）食用价值：果味甜美，含糖、苹果酸、柠檬酸及维生素C等，可供生食、制果酱及酿酒。

（3）营养价值：含有维生素B$_1$、维生素B$_2$、维生素E、胡萝卜素等，有较高的营养价值和医疗保健作用。

蛇莓 *Duchesnea indica*

【别名】三爪风、龙吐珠、蛇泡草、东方草莓

【招引鸟类】白头鹎、乌鸫、鹊鸲

【植物特征】多年生草本；根茎短，粗壮；匍匐茎多数，有柔毛。小叶片倒卵形至菱状长圆形，边缘有钝锯齿，或无毛，具小叶柄；叶柄有柔毛；托叶窄卵形至宽披针形。花单生；萼片卵形，先端锐尖，副萼片倒卵形，花瓣倒卵形，黄色，先端圆钝；心皮多数，离生；花托在果期膨大，海绵质，鲜红色，瘦果卵形，光滑或具不显明突起，鲜时有光泽。花期6～8月，果期8～10月。

【分布】全国各地广布，国外可见于中亚、南亚、东南亚、欧洲及美洲。

【趣味知识】

（1）全草供药用，有清热解毒、活血散瘀、收敛止血作用，又能治毒蛇咬伤，敷治疔疮等；并用于杀灭蝇蛆。

（2）园林价值：蛇莓是优良的花卉，春季赏花、夏季观果。

桃 *Prunus persica*

【别名】桃子、粘核桃、离核桃、油桃、盘桃、粘核光桃

【招引鸟类】白头鹎、红耳鹎

【植物特征】乔木，高大；树冠宽广而平展；树皮暗红褐色，叶片呈长圆披针形、椭圆披针形或倒卵状披针形；花单生，果实形状和大小均有变异，呈卵形、宽椭圆形或扁圆形，果实为核果；花期3～4月，果实成熟期因品种而异，通常为8～9月。

【分布】原产我国，各省区及世界各地均有栽植。

【趣味知识】

（1）经济价值：桃树干上分泌的胶质，俗称桃胶，可用作黏结剂等。

（2）食用价值：为一种聚糖类物质，水解能生成。阿拉伯糖、半乳糖、木糖、鼠李糖、葡糖醛酸等。

（3）药用价值：有破血、和血、益气之效。

（4）古籍：《本草纲目》[时珍曰]：桃性早花，易植而子繁，故字从木、兆。十亿曰兆，言其多也。或云从兆谐声也。

桃叶石楠 *Photinia prunifolia*

【**别名**】石斑木、石枫

【**招引鸟类**】暗绿绣眼鸟

【**植物特征**】常绿乔木，树形高大；小枝无毛，灰黑色，具黄褐色皮孔。叶片革质，长圆披针形，基部圆形至宽楔形，边缘有密生具腺的细锯齿，两面均无毛，花多数，密集成顶生复伞房花序，总花梗和花梗微有长柔毛；萼筒杯状，外面有柔毛；萼片三角形；花瓣白色，倒卵形，先端圆钝，基部有茸毛；子房顶端有毛。果实椭圆形，红色。花期3～4月，果期10～11月。

【**分布**】中国分布于广东、广西、福建、浙江、江西、湖南、贵州、云南，国外分布于琉球和越南。

【**趣味知识**】

观赏价值高，可作为庭荫树，进行绿篱栽植，低矮的灌木丛。

石斑木 *Rhaphiolepis indica*

【别名】车轮梅、春花

【招引鸟类】红耳鹎、白头鹎、暗绿绣眼鸟

【植物特征】常绿灌木，稀小乔木，高达4米；幼枝初被褐色茸毛，叶片集生于枝顶，卵形、长圆形，稀倒卵形或长圆披针形，叶脉稍显凸起，网脉明显；近于无毛；顶生圆锥花序或总状花序，总花梗和花梗被锈色茸毛；苞片及小苞片狭披针形，近无毛；萼筒筒状，边缘有褐色茸毛或无毛；花瓣白色或淡红色，倒卵形或披针形，果实球形，紫黑色，果梗短粗。花期4月，果期7～8月。

【分布】国内分布于安徽、浙江、江西、湖南、贵州、云南、福建、广东、广西、台湾。国外可见于日本、老挝、越南、柬埔寨、泰国和印度尼西亚。

【趣味知识】

（1）木材带红色，质重坚韧，可作器物；果实可食。

（2）石斑木以根、叶入药，主治跌打瘀肿，创伤出血，无名肿毒，骨髓炎，烫伤，毒蛇咬伤。

沙梨 *Pyrus pyrifolia*

【别名】麻安梨、黄金梨

【招引鸟类】红耳鹎、白头鹎、暗绿绣眼鸟、白喉红臀鹎、乌鸫、麻雀。

【植物特征】乔木，树形高大；小枝嫩时具黄褐色长柔毛或茸毛，不久脱落，二年生枝紫褐色或暗褐色，具稀疏皮孔；叶片卵状椭圆形或卵形，稀宽楔形，边缘有刺芒锯齿。微向内合拢，上下两面无毛，嫩时被茸毛、托叶膜质，线状披针形，伞形总状花序，总花梗和花梗幼时微具柔毛，苞片膜质，线形，边缘有长柔毛：萼片三角卵形，边缘有腺齿；外面无毛，内面密被褐色茸毛；花瓣卵形，白色；果实近球形，浅褐色，有浅色斑点，先端微向下陷，萼片脱落；种子卵形，深褐色。花期4月，果期8月。

【分布】国内分布于安徽、江苏、浙江、江西、湖北、湖南、贵州、四川、云南、广东、广西、福建。

【趣味知识】

（1）沙梨根主治疝气，咳嗽。树皮可解"伤寒时气"。枝主治霍乱吐泻。叶主治食用菌中毒，小儿疝气。若食梨过伤胃气，亦可用叶煎汁解之。果皮主治暑热或热病伤津口渴。

（2）沙梨花时满树洁白，夏秋硕果累累，可作庭园观赏。

钟花樱 *Prunus campanulata*

【**别名**】绯樱、山樱花、福建山樱花、绯寒樱、钟花樱桃

【**招引鸟类**】叉尾太阳鸟、红胸啄花鸟、朱背啄花鸟、暗绿绣眼鸟

【**植物特征**】乔木或灌木；叶卵形、卵状椭圆形或倒卵状椭圆形，上面无毛，下面淡绿色，无毛或脉腋有簇毛，萼筒钟状，无毛，萼片长圆形，全缘；花瓣倒卵状长圆形，粉红色；无毛；核果卵圆形，顶端尖；果柄先端稍膨大并有萼片宿存。花期2～3月，果期4～5月。

【**分布**】国内分布于浙江、福建、台湾、广东、广西。国外分布于日本、越南。

【**趣味知识**】

（1）早春着花，色鲜艳亮丽，枝叶繁茂旺盛，是早春重要的观花树种，常用于园林观赏。

（2）能入药，可用于咳嗽、发热等症状。

（3）具有很好的收缩毛孔和平衡油脂的功效、具有嫩肤、增亮肤色的作用，是护肤品的重要原料之一，樱花提取物中有一种叫樱花酵素的成分常用来祛痘。

—— 4.13　山茶科 ——

山茶 *Camellia japonica*

【别名】洋茶、茶花、晚山茶、耐冬、山椿、薮春、曼陀罗

【招引鸟类】白头鹎、红耳鹎、暗绿绣眼鸟

【植物特征】灌木或小乔木，高大；叶革质，椭圆形；花顶生，红色，无柄；蒴果圆球形，果爿厚木质。花期1～4月。

【分布】江西、四川、山东，台湾等地有野生种，中国各地广泛栽培。

【趣味知识】

（1）药用价值：山茶花在药用价值上亦高，有收敛、止血、凉血、调胃、理气、散瘀、消肿等疗效。

（2）观赏价值：江南地区配置于疏林边缘；假山旁植可构成山石小景；北方宜盆栽观赏；森林公园也可于林缘路旁散植或群植一些品种。

（3）食用价值：去掉雌雄蕊的山茶瓣无毒，花瓣中含有丰富的多种维生素、蛋白质、脂肪、淀粉和各种微量的矿物质等营养物质，还含有高效的生物活性物质。

（4）蜜源：是冬季、春季主要的蜜源植物；花蜜丰富，常年中国蜂每群可采茶花蜜5～10千克。

（5）油料：是重要的油料植物；榨油后的油枯，可作洗涤、肥料和杀虫用；果壳富含单宁，可提取栲胶，也可提取皂素制碱。

（6）古籍：《本草纲目》[时珍曰]：山茶产南方。树生，高者丈许，枝干交加。叶颇似茶叶，而浓硬有棱，中阔头尖，面绿背淡。深冬开花，红瓣黄蕊。

金花茶 *Camellia petelotii*

【**别名**】中东金花茶

【**招引鸟类**】白头鹎、红耳鹎、暗绿绣眼鸟

【**植物特征**】灌木，高2～3米；叶革质，长圆形或披针形，或倒披针形；花黄色，近圆形；蒴果扁三角球形；花期11～12月。

【**分布**】分布于中国广西防城港市十万大山的兰山支脉一带。

【**趣味知识**】

（1）药用价值：金花茶属无毒级、含有400多种营养物质、无毒副作用。

（2）科研价值：金茶花具有特殊的色泽遗传基因DNA，其繁殖很难被复制。

（3）植物文化：2002年，金花茶被防城港市确定为市花。2009年成功举办首届金花茶节。

（4）观赏价值：其观赏价值无与伦比。

（5）经济价值：身价高，附加值极高。

南山茶 *Camellia semiserrata*

【**别名**】广宁油茶、广宁红花油茶、毛籽红山茶、栓壳红山茶

【**招引鸟类**】暗绿绣眼鸟、橙腹叶鹎、叉尾太阳鸟

【**植物特征**】小乔木，树形高大。叶革质，椭圆形或长圆形，基部阔楔形，上面深绿色，干后浅绿色，无毛，下面同色，花顶生，红色，无柄；苞片外面有短绢毛，边缘薄；花瓣阔倒卵圆形。蒴果卵球形，果皮厚木质，表面红色，平滑，花期12月至翌年2月，果期翌年10月。

【**分布**】国内分布于广东西江一带及广西的东南部。

【**趣味知识**】

（1）南山茶花朵红艳美观，树形挺拔，盛花期在冬春季节，果实外表也是浅红色的特性，在公共绿地上栽培，能弥补了冬春季节少花的不足。

（2）果实可提炼山茶油。野茶油有"东方橄榄油""油黄金"之美称，是重要的经济作物。

越南抱茎茶 *Camellia amplexicaulis*

【别名】海棠茶、四季抱茎茶

【招引鸟类】白头鹎、红耳鹎、暗绿绣眼鸟

【植物特征】常绿小乔木，高3米；叶互生，狭长，浓绿色，长椭圆形，先端尖，有锯齿，基部心形，叶柄很短，抱茎；花苞片紫红色，花蕾球形、红色；花钟状，下垂或侧斜展，蒴果球形。花期为10月至次年4月，果期秋冬季。

【分布】原产于越南北部，我国南方地区均有引种。

【趣味知识】

越南抱茎茶喜阳，花期长，在酸性砖红壤生长良好，是风景园林的新宠，也可作为鲜切花材料使用，极具市场价值。

红皮糙果茶 *Camellia crapnelliana*

【**别名**】多苞糙果茶

【**招引鸟类**】暗绿绣眼鸟、叉尾太阳鸟、朱背啄花鸟

【**植物特征**】小乔木，高大，叶硬革质，倒卵状椭圆形至椭圆形，尖头钝，基部楔形，无毛，边缘有细钝齿，花顶生，单花，紧贴着萼片；倒卵形，外侧有茸毛；花冠白色，倒卵形，基部稍厚，革质，背面有毛；雄蕊长无毛，外轮花丝与花瓣连生，子房有毛，蒴果球形，果皮厚。

【**分布**】国内分布于香港、广西南部、福建、江西及浙江南部。

【**趣味知识**】

（1）红皮糙果茶具有较大的花和果，是重要的油料和观赏植物。

（2）中国国家重点二级保护野生植物、列入《中国植物红皮书》（易危）。

（3）红皮糙果茶是常绿树种；叶形较大，树形优美，冬春观花，夏季观叶，秋天观果，景色壮观迷人，十分具有观赏价值。

4.14　爵床科

蓝花草 *Ruellia simplex*

【**别名**】翠芦莉、兰花草

【**招引鸟类**】暗绿绣眼鸟

【**植物特征**】单叶对生，线状披针形；新叶及叶柄常呈紫红色；叶全缘或疏锯齿；花冠漏斗状，具放射状条纹，多蓝紫色，少数粉色或白色；花期3～10月，开花不断，花一般清晨开放，午后凋谢。果实为长形蒴果，等到种子成熟后蒴果会裂开，散出细小如粉末状的种子。

【**分布**】原产于墨西哥，我国华南地区常见引种。

【**趣味知识**】

　　蓝花草具有花色优雅、花姿美丽、栽培容易、养护简单的特点，尤其是耐高温能力强，可以弥补中国盛夏季节开花植物的不足，因此在园林绿化上有广阔的应用前景。

叉花草 *Strobilanthes hamiltoniana*

【别名】腾越金足草、雨虹花

【招引鸟类】叉尾太阳鸟、暗绿绣眼鸟

【植物特征】直立，多枝植物。茎和枝4棱形，节间有沟，大叶光滑无毛，小叶柄短或无柄，大叶片披针形，小叶片通常卵形，边缘有细锯齿，两面光滑无毛，穗状花序，花单生于节上；苞片椭圆形或长圆形，顶端钝；小苞片长圆形，顶端钝或微凹，花萼顶端微凹，覆瓦状排列；花冠堇色，冠檐裂片圆，花丝光滑无毛，花药圆；花粉粒饰带15条。子房光滑无毛，花柱向基部略被刚毛。

【分布】原产于东喜马拉雅和印度卡西山区，国内见于腾冲、盈江到瑞丽。

【趣味知识】

花期长，花色娇艳，是一种优秀的观赏植物，可以植于林下作点缀，也可以片植做成绿篱，也可盆栽观赏。

喜花草 *Eranthemum pulchellum*

【别名】可爱花

【招引鸟类】暗绿绣眼鸟

【植物特征】灌木，高2米，叶对生，具叶柄；叶片卵形，有时椭圆形，全缘或有不明显的钝齿，叶两面凸起，背面明显。穗状花序顶生和腋生，苞片大，叶状，倒卵形或椭圆形，小苞片线状披针形，短于花萼；花萼白色；花冠蓝色或白色，高脚碟状，花冠外被微柔毛，冠檐通常倒卵形，近相等；花期秋冬季。

【分布】原产于印度及热带喜马拉雅地区，我国南部和西南部有栽培。

【趣味知识】

（1）全草可入药，根用于风湿。叶可以活血散瘀。用于跌打肿痛、清肝明目，健脾止泻。

（2）适于盆栽装饰客室、厅堂，观花及赏叶。

鸡冠爵床 *Odontonema strictum*

【**别名**】红楼花

【**招引鸟类**】叉尾太阳鸟

【**植物特征**】常绿灌木；高大；全株丛生状，茎枝自地下伸长，分枝稀少；单叶对生，卵状披针形，全缘，叶面皱褶；总状花序顶生；花红色，花冠管状，二唇形，喉部稍见肥大，花梗细长赤褐色；瘦果。花期9～12月。

【**分布**】原产于中美洲热带雨林，热带地区广泛栽培，我国华南地区有种植。

【**趣味知识**】

　　盆栽装饰阳台，卧室或书房，也可植于庭院墙垣边或路边。是公园、绿地的路边、林下绿化的优良材料。

4.15　紫葳科

黄钟花 *Tecoma stans*

【**别名**】黄钟树

【**招引鸟类**】叉尾太阳鸟、暗绿绣眼鸟

【**植物特征**】多年生草本；叶互生，叶片椭圆形或卵圆形；茎基粗壮，顶部具宿存的鳞片，鳞片长卵形，花单生于茎顶端，花萼短筒状，花冠黄色或淡黄色，内面喉部密生白色柔毛，裂片倒卵状矩圆形或倒卵状椭圆形，顶端常生几根锈色柔毛。花期 7 ~ 8 月。

【**分布**】原产于南美洲和西印度群岛、阿根廷北部。中国华南各地有栽培。

【**趣味知识**】

（1）可用来做行道树、绿篱、庭园美化、盆栽，也可单植、列植、丛植。

（2）具有药用价值，主要用于治疗糖尿病和消化道疾病。其叶的汁液可抑制白假丝酵母感染；根可入药，作利尿、驱虫和兴奋刺激剂。

火焰树 *Spathodea campanulata*

【别名】火焰木、火烧花、喷泉树、苞萼木

【招引鸟类】白头鹎、红耳鹎、红嘴蓝鹊、暗绿绣眼鸟

【植物特征】常绿乔木，株形高大，树干通直，灰白色，易分枝；叶为奇数羽状复叶，全缘，圆锥或总状花序，花冠钟形，红色或橙红色，花期4～8月。果为蒴果，长椭圆形状披针形，种子具翅。羽状复叶对生，叶片椭圆形或倒卵形。

【分布】我国南部均有栽培，原产非洲，广泛栽培于印度、斯里兰卡。

【趣味知识】

（1）观花植物，花色红艳，株形美观。可作景观树和庭院树欣赏，花期较长。

（2）树形十分优美，整株呈塔形或伞形，叶形优雅，四季葱翠美观，花色艳丽，花量丰富，适合行道树、庭院树等。春夏开花，花开满树，色彩鲜红，是一种相当好的观赏树种。

非洲凌霄 *Podranea ricasoliana*

【别名】紫云藤、紫芸藤

【招引鸟类】叉尾太阳鸟、暗绿绣眼鸟

【植物特征】常绿半蔓性灌木。叶对生，奇数羽状复叶，小叶长卵形，先端尖，叶缘具锯齿，叶柄基部紫黑色。圆锥花序顶生，花冠漏斗状钟形，粉红到紫红色，有时带有紫红色脉纹。花期秋至翌年春季。

【分布】原产于非洲南部。中国福建、广东等地有引种栽培。

【趣味知识】

非洲凌霄枝条柔软，叶片翠绿而密集，未开花季节亦颇具观赏价值。开花时节，以片植形式种植，也具有较好的花境和景观效果。

4.16 棕榈科

大王椰 *Roystonea regia*

【**别名**】大王椰子、王椰、王棕

【**招引鸟类**】红嘴蓝鹊、八哥、乌鸫、红耳鹎、白头鹎、黑领椋鸟

【**植物特征**】乔木状；茎幼时基部膨大，老时近中部不规则膨大，花序多分枝，佛焰苞开花前棒状，雌雄同株；果近球形或倒卵形，暗红或淡紫色；种子歪卵形，一侧扁，胚乳均匀，胚近基生；花期秋末冬初。

【**分布**】原产于古巴，我国南部热区热带和亚热带地区，特别是沿海地区常见栽培。

【**趣味知识**】

（1）果实含油，可作猪饲料。

（2）树形优美，广泛作行道树和庭园绿化树种。

（3）大王椰在原产地种子是家鸽的主要饲料，其茎和叶为茅舍的建造材料，所以受到特别保护。

散尾葵 *Dypsis lutescens*

【别名】黄椰子、凤凰尾、印度尼西亚散尾葵

【招引鸟类】红嘴蓝鹊、八哥、乌鸫、红耳鹎、白头鹎、黑领椋鸟

【植物特征】丛生灌木，高大；叶羽状全裂，黄绿色，表面有蜡质白粉，披针形；叶鞘长而略膨大，有纵向沟纹；花序生于叶鞘之下，呈圆锥花序式，花小，卵球形，金黄色；果实略为陀螺形或倒卵形，鲜时土黄色，干时紫黑色；种子略为倒卵形。花期5月，果期8月。

【分布】原产马达加斯加，我国南部热带和亚热带地区常见园林栽培。

【趣味知识】

（1）本种树形优美，是很好的庭园绿化树种。

（2）具有药用价值，有收敛止血之效，主治吐血、咯血、便血、崩漏。

蒲葵 *Livistona chinensis*

【**招引鸟类**】红耳鹎、白头鹎、暗绿绣眼鸟

【**植物特征**】乔木，高大，基部常膨大。叶阔肾状扇形，掌状深裂至中部，裂片线状披针形，顶部长渐尖，两面绿色；花序呈圆锥状，粗壮，每分枝花序基部有1个佛焰苞，花小，两性，花萼裂片；花药阔椭圆形。果实椭圆形，黑褐色。种子椭圆形。花果期4月。

【**分布**】国内分布于中国南部。国外可见于中南半岛。

【**趣味知识**】

（1）蒲葵子为蒲葵种子，性味平、淡，具有败毒抗癌、消淤止血之功效。民间常用其治疗白血病、鼻咽癌、绒毛膜癌、食道癌。

（2）可用其嫩叶编制葵扇；老叶制蓑衣等，叶裂片的肋脉可制牙签。葵叶已作加工蓑衣、船篷、盖房顶的遮盖物和制成精美的蒲葵扇以及高级工艺品，如葵席、花篮、画扇、织扇等。

（3）蒲葵四季常青，树冠伞形，叶大如扇，是热带、亚热带地区重要绿化树种。常列植置景，夏日浓荫蔽日，一派热带风光。

（4）蒲葵除了能引鸟外，还有另一个有趣的生态效应：部分蝙蝠喜欢在蒲葵叶子下面睡觉，因此蒲葵成了城市蝙蝠的一个栖息地。

4.17 椴树科

破布叶 *Microcos paniculata*

【别名】布渣叶

【招引鸟类】鹎类

【植物特征】常绿灌木或小乔木，高大；树皮灰黑色。幼嫩部分被星状柔毛。叶薄革质，卵状长圆形，叶柄被毛，叶托线状披针形。顶生圆锥花序被星状柔毛；苞片披针形；花柄短小；萼片长圆形，花瓣长圆形无毛，柱头锥形。核果近球形或倒卵形，果柄短。花期6～7月。

【分布】国内分布于广东、广西、云南；国外见于中南半岛、印度及印度尼西亚。

【趣味知识】

　　夏秋季采叶，晒干。清暑，消食，化痰。用于感冒，中暑，消化不良，腹泻。

—— 4.18 五加科 ——

澳洲鸭脚木 *Schefflera macrostachya*

【**别名**】辐叶鹅掌柴

【**招引鸟类**】辐尾太阳鸟、暗绿绣眼鸟、红耳鹎、白头鹎

【**植物特征**】常绿乔木，树形高大；掌状复叶，小叶数随成长变化很大；小叶长椭圆形，叶缘波状，花小，红色，总状花序，斜立于株顶；核果近球形，紫红色。

【**分布**】原产澳大利亚，海南、广东、福建等地有引种栽培。

【**趣味知识**】

　　澳洲鸭脚木四季常青，树姿潇洒优雅，风姿绰约，复叶大而美观，是华南地区优良的观型、观叶植物；适宜栽植于庭园一隅，独赏其美，也适宜列植、丛植于步行道旁，或点缀于林间，都具有较高观赏价值，还可作盆景观赏。

黄毛楤木 *Aralia chinensis*

【**别名**】飞天蜈蚣、刺龙柏、通刺、鸟不宿、海桐皮、鹊不踏

【**招引鸟类**】叉尾太阳鸟、暗绿绣眼鸟、红耳鹎、白头鹎

【**植物特征**】灌木或乔木，小枝被黄褐色绒毛，疏生细刺；羽状复叶，叶柄粗壮，小叶纸质至薄革质，卵形至长卵形，边缘有锯齿；圆锥花序大，花白色，芳香，卵状三角形；果球形，黑色；花期7～9月，果期9～12月。

【**分布**】西自云南南部（思茅、西畴），向东经贵州（独山）、广西（百色、南宁）、广东及东南沿海岛屿、安徽、江西（龙南、寻乌）、福建和台湾。

【**趣味知识**】

　　根皮为民间草药，有祛风除湿，散瘀消肿之效，可治风湿腰痛、肝炎及肾炎水肿。

4.19 藤黄科

岭南山竹子 *Garcinia oblongifolia*

【**别名**】竹桔、倒卵山竹子

【**招引鸟类**】白头鹎、红嘴蓝鹊

【**植物特征**】乔木或灌木，树形高大，胸径可达30厘米；树皮深灰色；老枝通常具断环纹。叶片近革质，长圆形，倒卵状长圆形至倒披针形，花小，单性，异株，单生或呈伞形状聚伞花序，浆果卵球形或圆球形，基部萼片宿存，顶端承以隆起的柱头。花期4～5月，果期10～12月。

【**分布**】国内分布于中国广东、广西；国外分布于越南北部。

【**趣味知识**】

（1）果可食用；种子含油量60.7%，种仁含油量70%，可作工业用油。

（2）木材可制家具和工艺品；树皮含单宁3%～8%，供提制栲胶。

（3）树皮和果实可供药用，有消炎止痛、收敛生机之效。

菲岛福木 *Garcinia subelliptica*

【别名】福树、福木

【招引鸟类】红耳鹎、白头鹎、暗绿绣眼鸟

【植物特征】乔木，树形高大，小枝坚韧粗壮，具4～6棱。叶片厚革质，卵形、卵状长圆形或椭圆形，稀圆形或披针形，两面隆起，至边缘处联结，网脉明显；叶柄粗壮。雄花成假穗状；边缘有密的短睫毛；花瓣倒卵形，黄色，花药双生；雌花通常具长梗，花药萎缩状，副花冠上半部具不规则的啮齿；子房球形，外面有棱，花柱极短，柱头盾形，5深裂，无瘤突。浆果宽长圆形，成熟时黄色，外面光滑，种子1～4枚。

【分布】国内分布于台湾。国外可见于日本的琉球群岛、菲律宾、斯里兰卡、印度尼西亚（爪哇）。

【趣味知识】

　　该种能耐暴风和怒潮的侵袭，根部巩固，枝叶茂盛，是中国沿海地区营造防风林的理想树种。

4.20　茜草科

长隔木 *Hamelia patens*

【别名】醉娇花、希美丽、希茉莉、茜茉莉

【招引鸟类】叉尾太阳鸟

【植物特征】红色灌木，高大，嫩部均被灰色短柔毛。叶通常3枚轮生，椭圆状卵形至长圆形，聚伞花序；花无梗，沿着花序分枝的一侧着生；萼裂片短，三角形；花冠橙红色，冠管狭圆筒状；雄蕊稍伸出。浆果卵圆状，直径6～7毫米，暗红色或紫色。

【分布】原产巴拉圭等拉丁美洲各国；我国华南和西南部有栽培。

【趣味知识】

　　希茉莉成形快，树冠优美，花、叶俱佳，主要用于园林配植；也可盆栽观赏。

鸡屎藤 *Paederia foetida*

【**别名**】解暑藤、女青、牛皮冻、疏花鸡矢藤、鸡矢藤

【**招引鸟类**】叉尾太阳鸟、红耳鹎

【**植物特征**】藤状灌木，无毛或被柔毛。叶对生，膜质，心形，叶上面无毛；托叶卵状披针形。圆锥花序腋生或顶生，小苞片微小，卵形或锥形，有小睫毛；花有小梗，花萼钟形，萼檐裂片钝齿形；花冠紫蓝色，通常被绒毛，裂片短。果阔椭圆形；小坚果浅黑色。花期5~6月。

【**分布**】国内分布于福建、广东等省，国外可见于越南和印度。

【**趣味知识**】

　　（1）适宜作园林景观中的藤本地被植物，可用来覆盖山石荒坡，美化矮墙，栽植绿篱，亦可用于花架垂直绿化。

　　（2）中国民间常用草药之一。全草入药，有祛风活血、止痛消肿、抗结核功效。用于风湿痹痛、小儿疳积、痢疾、腹胀等。因有清热解毒、去湿、滋补的功能，故民间又叫"土参"。

　　（3）叶片可食，是一些地方的特色食品，虽然鲜叶有异味，但煮熟后清香味美。

4.21　冬青科

铁冬青 *Ilex rotunda*

【别名】救必应、红果冬青

【招引鸟类】白头鹎、红耳鹎、乌鸫、远东山雀

【植物特征】常绿灌木或乔木，树形高大；胸径达1米；树皮灰色至灰黑色；叶片薄革质或纸质，卵形、倒卵形或椭圆形、全缘，叶面绿色背面淡绿色；聚伞花序或伞形状花序，雌雄异株；果近球形或稀椭圆形，成熟时红色。花期3～4月，果熟期10～12月。

【分布】国内分布于长江流域以南包括台湾，国外分布于朝鲜、日本和越南北部。

【趣味知识】

（1）本种叶和树皮入药，有清热利湿、消炎解毒、消肿镇痛之功效，治暑季外感高热、烫火伤、咽喉炎、关节痛等。

（2）兽医用治胃溃疡、感冒发热和各种痛症、热毒、阴疮。

（3）枝叶作造纸糊料原料。树皮可提制染料和栲胶。

（4）木材作细工用材。

—— 4.22 葡萄科 ——

地锦 *Parthenocissus tricuspidata*

【别名】爬墙虎、田代氏大戟、铺地锦、地锦草、爬山虎

【招引鸟类】红耳鹎、白头鹎、黑脸噪鹛、黑领椋鸟、暗绿绣眼鸟

【植物特征】木质落叶大藤本；单叶，基部心形，倒卵圆形，有粗锯齿；叶柄无毛或疏生短柔毛；花序生短枝上，基部分枝，形成多歧聚伞花序；花萼碟形，边缘全缘或呈波状，无毛；花瓣长椭圆形；果球形，成熟时蓝色，有种子1～3。花期5～8月，果期9～10月。

【分布】国内分布于吉林、辽宁、河北、河南、山东、安徽、江苏、浙江、福建、台湾。国外可见于朝鲜和日本。

【趣味知识】

（1）地锦是园林绿化中很好的垂直绿化材料，既能美化墙壁，又有防暑隔热的作用。对二氧化硫等有害气体有较强的抗性，适宜在宅院墙壁、围墙、庭院入口处、桥头石块等处配置。

（2）果实可直接食用或酿酒。

（3）藤茎可入药，具有破瘀血、消肿毒、祛风活络、止血止痛的功效。

4.23 芭蕉科

芭蕉 *Musa basjoo*

【**别名**】芭蕉树

【**招引鸟类**】叉尾太阳鸟、暗绿绣眼鸟

【**植物特征**】植株高大；叶片长圆形，长可达3米，宽可达30厘米，叶面鲜绿色，有光泽；花序顶生，下垂；苞片红褐或紫色；果三棱状，长圆形，肉质，内具多数种子，种子黑色，具疣突及不规则棱角。

【**分布**】原产于琉球群岛，国内台湾，秦岭、淮河以南地区有栽培。

【**趣味知识**】

（1）食用价值：芭蕉果肉、花、叶、根中均含有丰富的糖类、氨基酸、纤维素、多种矿物质、硒等微量元素及多种化合物成分，药食兼用，营养丰富。

（2）观赏价值：作盆景；与其他植物搭配种植，组合成景可丛植于庭前屋后，或植于窗前院落。

（3）药用价值：茎煎服功能解热，假茎、叶利尿（治水肿、肛胀），花干燥后煎服治脑出血，根与生姜、甘草一起煎服，可治淋症及消渴症，根治感冒、胃痛及腹痛。

4.24　竹芋科

再力花 *Thalia dealbata*

【**别名**】水竹芋、水莲蕉、塔利亚

【**招引鸟类**】红耳鹎、白头鹎、八哥、黑脸噪鹛

【**植物特征**】多年生挺水植物，草本，植株高1 ~ 2.5米；叶基生，叶片卵状披针形至长椭圆形，硬纸质，全缘；叶背表面被白粉；小花紫红色；蒴果近圆球形或倒卵状球形果皮浅绿色，成熟时顶端开裂；成熟种子棕褐色，表面粗糙，具假种皮，种脐较明显。

【**分布**】国内分布于南方地区，国外分布于墨西哥及美国东南部地区。

【**趣味知识**】

可作水景植物，装饰水景，净化水质，也可做盆栽，具有较高的观赏价值。

4.25　海桑科

八宝树 *Duabanga grandiflora*

【**招引鸟类**】叉尾太阳鸟、暗绿绣眼鸟

【**植物特征**】乔木。叶阔椭圆形、矩圆形或卵状矩圆形，顶端短渐尖，基部深裂成心形，裂片圆形，粗壮，明显；叶柄粗厚，带红色。花梗有关节；萼筒阔杯形，花瓣近卵形；有胚珠，柱头微裂。蒴果成熟时从顶端向下开裂成6～9枚果爿；种子长约4毫米。花期春季。

【**分布**】国内分布于云南南部，国外可见于印度、缅甸、泰国、老挝、柬埔寨、越南、马来西亚、印度尼西亚。

【**趣味知识**】

（1）可作胶合板、一般板料和火柴杆等用材。

（2）八宝树枝条平展下垂，浓绿婆娑，形如伞盖，嫩叶紫红色，花大而玉白，为庭园绿化的优美树种。

4.26　千屈菜科

大花紫薇 *Lagerstroemia speciosa*

【**别名**】百日红、大叶紫薇

【**招引鸟类**】金翅雀

【**植物特征**】乔木，树形高大；小柱圆柱形，叶革质，稀披针形，甚大，矩圆状椭圆形或卵状椭圆形，顶端钝形或短尖，基部阔楔形至圆形，花淡红色或紫色，顶生圆锥花序，花轴、花梗及花萼外面均被黄褐色糠秕状的密毡毛，花瓣近圆形至矩圆状倒卵形；蒴果球形至倒卵状矩圆形，褐灰色。花期5～7月，果期10～11月。

【**分布**】广东、广西及福建有栽培。国外分布于斯里兰卡、印度、马来西亚、越南及菲律宾。

【**趣味知识**】

（1）庭园常栽培观花植物。

（2）木材坚硬，耐腐力强，常用于家具、枕木制作及建筑等，也作水中用材，其木材经济价值据说可与柚木相比。

（3）树皮及叶可作泻药；种子具有麻醉性；根含单宁，可作收敛剂。

虾子花 *Woodfordia fruticosa*

【**别名**】虾仔花

【**招引鸟类**】红耳鹎、白头鹎、橙腹叶鹎、北红尾鸲、朱背啄花鸟、红胸啄花鸟、叉尾太阳鸟、暗绿绣眼鸟

【**植物特征**】灌木，树形高大，有长而披散的分枝；叶对生，近革质，披针形或卵状披针形；花瓣小，淡黄色，线状披针形；蒴果膜质，线状长椭圆形；种子甚小，卵状或圆锥形，红棕色；花期春季。

【**分布**】国内分布于广东、广西及云南，国外分布于越南、缅甸、印度、斯里兰卡、印度尼西亚及马达加斯加。

【**趣味知识**】

（1）药用价值：据国外报道，干燥花用于治痢疾，也用于治肝病、烫伤和痔疮。

（2）经济价值：全株含鞣质，可提制栲胶。

（3）观赏价值：花萼红色而美丽，通常栽培供观赏。

无瓣海桑 *Sonneratia apetala*

【**招引鸟类**】红耳鹎、白头鹎、暗绿绣眼鸟

【**植物特征**】常绿乔木；高大；叶片狭椭圆形至披针形；花萼绿色，无花瓣，花丝白色；浆果球形，种子"V"形；花期5～12月，果期8月～来年4月。

【**分布**】原产于孟加拉国、印度、缅甸、斯里兰卡等国，现我国广东、海南等地栽培，作红树林造林树种。

【**趣味知识**】

　　中国生长最快的红树植物种类，是潮间带滩涂优良的先锋造林树种。利用无瓣海桑造林，能起到迅速绿化海滩的作用，有利于保护和改善中国沿海的生态环境。无瓣海桑在海滩造林能够防风固堤，抵御一些自然灾害的袭击，是海岸带防护体系的主要组成部分，在维持海岸带生态平衡方面发挥作用。

4.27　山龙眼科

银桦 *Grevillea robusta*

【**招引鸟类**】白头鹎、红耳鹎、叉尾太阳鸟、暗绿绣眼鸟

【**植物特征**】乔木，高大。叶二次羽状深裂，边缘背卷；总状花序，种子为长盘状，边缘有窄薄翅。花期3～5月，果期6～8月。

【**分布**】国内分布于华南地区，原产于澳大利亚东部；全世界热带、亚热带地区有栽种。

【**趣味知识**】

（1）树干通直，高大伟岸，树冠整齐，宜作行道树、庭荫树；适合农村"四旁"绿化，宜低山营造速生风景林、用材林。

（2）种子香甜，为世界著名坚果。可见银桦树汁是一种安全、营养、健康食品原料。

（3）《吉林中草药》：止咳、治痰喘咳嗽。

（4）木材粗糙而坚硬，色淡红，断面上现有美丽斑纹，髓线排列甚密，弹力和耐朽力强，施工容易，可供家具，雕刻，装饰和车辆制造等用。

（5）银桦树皮是一种天然的无污染的装饰材料，用树皮来装饰建筑物，不仅经久耐用、无污染。

红花银桦 *Grevillea banksii*

【别名】班西银桦

【招引鸟类】白头鹎、红耳鹎、红胸啄花鸟、叉尾太阳鸟、暗绿绣眼鸟

【植物特征】常绿乔木，高大，树干端直，树皮黑褐色，呈现出不规则的浅纵裂，单叶互生，总状花序，花两性。

【分布】华南地区常见栽培种，原产澳大利亚的昆士兰州南部和新南威尔士州北部的河流两侧。

【趣味知识】

（1）常年开花，有很好的观赏价值。可用于花境、道路绿化以及松林改造。

（2）在花境中，红花银桦可作为上层树种作背景树栽植。如林缘花境中将红花银桦成片栽植，前面配植灌木及地被道路隔离带树种。隔离带中也可配植红花银桦形成复层植物群落。可用于沿路、沿江河生态景观。

4.28 桃金娘科

桃金娘 *Rhodomyrtus tomentosa*

【**别名**】山稔、多莲、稔子树、岗稔、桃舅娘、当泥、乌多年

【**招引鸟类**】白头鹎、红耳鹎、黑脸噪鹛、画眉、远东山雀

【**植物特征**】灌木，叶对生，呈椭圆形或倒卵形，果为浆果，卵状壶形，成熟时紫黑色。花期4～5月，果期7～8月。

【**分布**】国内分布于华南地区，国外可见于中南半岛、菲律宾、日本、印度、斯里兰卡、马来西亚及印度尼西亚等地。

【**趣味知识**】

（1）成熟果可食，也可酿酒，是鸟类的天然食源。

（2）用于园林绿化、生态环境建设，是山坡复绿、水土保持的常绿灌木。

（3）桃金娘是一味中药材，全株供药用，具有祛风活络、收敛止泻、补虚止血的功效。

（4）《中华本草》："金丝桃一名桃金娘。出桂林郡。花似桃而大，其色更赪，中茎纯紫，心吐黄须，铺散花外，严以金丝。八九月实熟，青绀若牛乳状，其味甘，可入药用。"

（5）果实含黄酮类、酚性成分、氨基酸和糖类。

白千层 *Melaleuca cajuputi*

【**别名**】脱皮树，千层皮，玉树，玉蝴蝶

【**招引鸟类**】白头鹎、红耳鹎、白喉红臀鹎、暗绿绣眼鸟

【**植物特征**】乔木，高大。叶互生，叶片革质，披针形，多油腺点，香气浓郁；叶柄极短。花白色，穗状花序，蒴果近球形。花期每年多次。

【**分布**】我国广东、台湾、福建、广西等地均有栽种，原产澳大利亚。

【**趣味知识**】

（1）白千层树皮白色，树皮美观，并具芳香，可作屏障树或行道树。但树皮易引起火灾，不宜于造林。

（2）树皮及叶供药用，有镇静神经之效；枝叶含芳香油，供药用及防腐剂。

红千层 *Callistemon rigidus*

【**别名**】瓶刷木、金宝树、红瓶刷

【**招引鸟类**】白头鹎、红耳鹎、暗绿绣眼鸟

【**植物特征**】小乔木；叶片坚革质，线形，油腺点明显，叶柄极短。穗状花序，花瓣绿色，卵形；蒴果半球形，先端平截，种子条状。花期6～8月。

【**分布**】我国广东和广西有栽培，原产澳大利亚。

【**趣味知识**】

（1）红千层花形奇特，色彩鲜艳美丽，开放时火树红花，具有很高的观赏价值，被广泛应用于公园、庭院及街边绿地。

（2）红千层是香料植物，其小叶芳香，可供提香油。其精油作调配化妆品、香皂、日用品、洗涤剂用香精。

（3）枝叶入药。味辛，性平。有祛风、化痰、消肿功效。主治感冒咳喘、风湿痹痛、湿疹和跌打肿痛等。

桉树 *Eucalyptus robusta*

【别名】大叶由加利、大叶桉

【招引鸟类】白头鹎、红耳鹎、暗绿绣眼鸟

【植物特征】大乔木，高大。幼态叶对生，成熟叶卵状披针形，叶片厚革质，卵形，有柄，侧脉多而明显，两面均有腺点；伞形花序，蒴果卵状壶形。花期4～9月。

【分布】原产澳大利亚。在华南各省栽种生长不良，在华南无法推广，但在四川、云南个别生境则生长较好。

【趣味知识】

（1）经济价值：桉树可用于造纸、炼油

（2）药用价值：本品微辛、微苦、平。有疏风解热、抑菌消炎、防腐止痒的功用。主治预防流行性感冒、上呼吸道感染、肺炎等；外用治烧烫伤、乳腺炎、疖肿、皮肤湿痒等。

（3）桉树树姿优美，四季常青，生长异常迅速，抗旱能力强，宜作行道树、防风固沙林和园林绿化树种。

蒲桃 *Syzygium jambos*

【**别名**】广东蒲桃

【**招引鸟类**】白头鹎、红耳鹎、乌鸫、灰背鸫、远东山雀、暗绿绣眼鸟

【**植物特征**】乔木，高大；主干极短，广分枝；小枝圆形。叶革质，披针形，叶面多透明细小腺点，网脉明显；聚伞花序，花白色；花瓣分离，阔卵形；果实球形，果皮肉质，成熟时黄色，有油腺点；花期3～4月，果实5～6月成熟。

【**分布**】国内分布于台湾、福建、广东、广西、贵州、云南等省区。国外可见于中南半岛、马来西亚、印度尼西亚等地。

【**趣味知识**】

（1）果实除鲜食外，还可制成果膏、蜜饯或果酱。果汁经过发酵后，还可酿制高级饮料。

（2）蒲桃根皮、果可入药，有凉血，收敛之效。主治腹泻，痢疾。外用治刀伤出血。

水翁蒲桃 *Syzygium nervosum*

【**别名**】大叶水榕树、水翁

【**招引鸟类**】白头鹎、红耳鹎、乌鸫、远东山雀

【**植物特征**】乔木，高大；树皮灰褐色，颇厚，树干多分枝；叶片薄革质，长圆形，两面多透明腺点，网脉明显，锥形花序生于无叶的老枝上；花无梗，浆果阔卵圆形，成熟时紫黑色。花期5～6月。

【**分布**】国内分布于广东、广西及云南等省区。国外分布于中南半岛、印度、马来西亚、印度尼西亚及大洋洲等地。

【**趣味知识**】

（1）花、叶和根可供药用，主治感冒、黄疸性肝炎。

（2）终年常绿，树冠浓密，生长快，适于庭园、公园近水边种植，可作为绿荫树和风景树，也可作固堤树种。

（3）木材用于乐器、工具手柄、家具部件、造船、重型木工等。

海南蒲桃 *Syzygium hainanense*

【**招引鸟类**】白头鹎、红耳鹎、远东山雀、暗绿绣眼鸟

【**植物特征**】小乔木，高5米；叶片革质，椭圆形，稍有光泽，多侧脉，花未见。果序腋生；果实椭圆形或倒卵形。种子2个，上下叠置。3～5月开花，6～9月果实成熟。

【**分布**】分布于中国海南岛昌江。

【**趣味知识**】

（1）果实可以食用，具香甜气味。

（2）海南蒲桃是乡土阔叶树种，该种木材材质好，是造船、建筑等重要用材树种。

洋蒲桃 *Syzygium samarangense*

【**别名**】莲雾、两雾、天桃、水蒲桃

【**招引鸟类**】白头鹎、红耳鹎、乌鸫、鹊鸲、远东山雀

【**植物特征**】乔木，高大；叶片薄革质，椭圆形多细小腺点，有明显网脉；叶柄极短；聚伞花序，花白色；果实梨形，肉质，洋红色，发亮，花期3～4月，果实5～6月成熟。

【**分布**】国内于广东、台湾及广西有栽培。原产马来西亚及印度。

【**趣味知识**】

（1）在台湾，洋蒲桃被誉为"水果皇帝"，畅销于水果市场，深受消费者的青睐。洋蒲桃还可以作为菜肴。

（2）蒲桃优美的树形还应用于园林绿化中，其葱茏的树木、青绿的枝叶，丰硕的果实，已经成为美化环境的亮丽风景线。

（3）在医药方面，洋蒲桃的果实可治疗多种疾病，其性味甘平，功能润肺、止咳、除痰、凉血、收敛。

香蒲桃 *Syzygium odoratum*

【招引鸟类】红耳鹎、白头鹎、暗绿绣眼鸟

【植物特征】常绿乔木，高大；叶片革质，卵状披针形，多下陷的腺点，侧脉多。圆锥花序，果实球形，略有白粉。花期6～8月。

【分布】国内分布于广东、广西等地。国外分布于越南。

【趣味知识】

（1）香蒲桃木材纹理局部交错，结构密致而均匀，材质坚硬，有性而重，易加工，很耐腐，适用于车辆、枕木、桥、造船及建筑等用材。

（2）适应性强，耐干旱，耐盐碱，耐瘠薄。在海边固定沙地都可正常生长，可用于沿海基干林带造林。

红果仔 *Eugenia uniflora*

【**别名**】番樱桃、棱果蒲桃、毕当茄、巴西红果

【**招引鸟类**】红耳鹎、白头鹎、暗绿绣眼鸟

【**植物特征**】灌木或小乔木，全株无毛。叶片纸质，卵形至卵状披针形，上面绿色发亮，下面颜色较浅，两面无毛，有无数透明腺点，花白色，稍芳香，单生或数朵聚生于叶腋，短于叶。浆果球形，熟时深红色，有种子1或2颗。花期春季。

【**分布**】原产巴西，我国南部有少量栽培。

【**趣味知识**】

（1）红果仔果肉多汁，稍带酸味，可食，并可制质良的软糖。

（2）栽植于盆中，结实时红果累累，极为美观。

嘉宝果 *Plinia cauliflora*

【别名】树葡萄

【招引鸟类】红耳鹎、白头鹎、暗绿绣眼鸟

【植物特征】常绿小乔木，成长缓慢，叶对生，叶柄短，有茸毛，叶片革质；花簇生于主干和主枝上，花小，白色，果实球形，果实从青变红再变紫，最后成紫黑色。果皮外表结实光滑。

【分布】原产于巴西、玻利维亚、巴拉圭和阿根廷东部地区。中国台湾、福建、浙江、广东、四川、湖北、广西、江苏和云南等地均有种植。

【趣味知识】

（1）嘉宝果的叶、果实、果皮等含有丰富的黄酮类、花青素和酚酸等酚类物质，具有很强的抗氧化、抗炎症、抗菌、抗癌的生物活性，其提取物在临床上用于治疗癌症、糖尿病、哮喘、腹泻、慢性扁桃体炎、风湿等疾病。

（2）成熟的嘉宝果果实一般呈现为半透晶状态，非常软绵，富有汁水，使用口感极佳，嘉宝果自身含有人体所需的多种营养元素、矿质元素和一些微量元素，对人体健康有良好的营养价值。

（3）嘉宝果可以通过加工制作为水果汁或者水果酱等健康佳品，根据嘉宝果的生物活性还可用作食品保鲜剂、食品添加剂和天然色素。

（4）嘉宝果一年之中呈现常绿态，树木体形妖娆，可以称为是十分罕见难得的自然优美树种。经数年长大成熟的嘉宝果树木一年中通常条件下是开四花结四果，四季变换交替，可以说是花果相依，花中有果，果中有花，美景良辰，具有极佳的赏目效果。

番石榴 *Psidium guajava*

【别名】芭乐，鸡屎果，拔子，喇叭番石榴

【招引鸟类】红耳鹎、白头鹎、暗绿绣眼鸟

【植物特征】乔木，高大；树皮平滑，灰色，片状剥落；嫩枝有棱，被毛。叶片革质，长圆形，网脉明显；花单生或2～3朵排成聚伞花序，白色；浆果球形、卵圆形，果肉白色及黄色。

【分布】原产南美洲。华南各地栽培，北达四川西南部。

【趣味知识】

（1）番石榴味道甘甜多汁，果肉柔滑，果心较少无籽，且富含蛋白质、维生素C、膳食纤维、蔗糖和氨基酸等营养成分；番石榴既可做新鲜水果生吃也可制作成果酱、果冻、酸辣酱等各种酱料。

（2）供药用，有止痢、止血、健胃等功效；叶经煮沸去掉鞣质，晒干作茶叶用，味甘，有清热作用。

4.29　马鞭草科

冬红 *Holmskioldia sanguine*

【别名】阳伞花、帽子花

【招引鸟类】叉尾太阳鸟、暗绿绣眼鸟、红胸啄花鸟、朱背啄花鸟

【植物特征】常绿灌木，叶对生，膜质，卵形，叶缘有锯齿，两面均有稀疏毛及腺点；聚伞花序再组成圆锥状，果实倒卵形，花期冬末春初。

【分布】我国广东、广西、台湾等地有栽培，原产喜马拉雅。

【趣味知识】

（1）冬红花量多，是优良的观花植物。

（2）冬红在中国华南区域可有效提供冬季花蜜食源，对繁殖期的能量供给有重要意义。

（3）红艳的花朵犹如冬日里的火，为冬天增添了温暖与生机，故而得名"冬红"。

烟火树 *Clerodendrum quadriloculare*

【**别名**】星烁山茉莉、烟火木

【**招引鸟类**】暗绿绣眼鸟

【**植物特征**】常绿灌木或小乔木，叶对生，长椭圆形，全缘，纸质，叶背暗紫红色。聚伞状圆锥花序，紫红色，花形酷似爆发的烟火，花姿绮丽。浆果状核果，种子长圆形，无胚乳。

【**分布**】原产于菲律宾热带地区，全球热带地区均有引种栽培，中国广东深圳和广州有引种栽培。

【**趣味知识**】

（1）烟火树株形优美，花量大，花色艳丽夺目，宜孤植或丛植于公园绿地、城市绿化等空旷地或花境配置。

（2）其根具有疏肝理气、益肾强精、养胃和中、补血调经等功效，对肝气不舒、脘腹胀满、月经不调等症有一定的疗效。

马缨丹 *Lantana camara*

【别名】七变花、如意草、臭草、五彩花、五色梅

【招引鸟类】白头鹎、红耳鹎、白喉红臀鹎

【植物特征】直立或蔓性的灌木，高1～2米，有时藤状，长达4米；茎通常有短而倒钩状刺。单叶对生，揉烂后有强烈的气味，叶片卵形，边缘有钝齿，表面有粗糙的皱纹和短柔毛，背面有小刚毛；花冠黄色或橙黄色，开花后不久转为深红色。果圆球形，成熟时紫黑色。全年开花。

【分布】中国台湾、福建、广东、广西见有逸生。原产美洲热带地区。

【趣味知识】

（1）花美丽，我国各地庭园常栽培供观赏。根、叶、花作药用，有清热解毒、散结止痛、祛风止痒之效。

（2）其可植于街道、分车道和花坛，为城市街景增色。亦可在园路两侧做花篱，坡坎绿化，或做盆栽摆设观赏。还可作为配景材料。

（3）马缨丹具有繁殖力强、生长快、适应性广、不择土壤、耐高温、抗干旱、病虫害少、根系发达、茎枝萌发力强、冠幅覆盖面大等优点，对减少风吹雨冲地表，固土截流、涵养水源、改良土壤、提高肥力、改善生态环境的作用明显，特别是护坎、护坡、护堤的优良灌木树种。

（4）叶有杀虫作用，可用于制造生物杀虫剂。

4.30　杜鹃花科

锦绣杜鹃 *Rhododendron pulchrum*

【别名】毛杜鹃、紫鹃、春鹃、毛叶杜鹃、鳞艳杜鹃

【招引鸟类】红耳鹎、白头鹎、八哥

【植物特征】半常绿灌木；叶薄革质，椭圆状长圆形至椭圆状披针形或长圆状倒披针形。伞形花序顶生，有花1～5朵。蒴果长圆状卵球形，被刚毛状糙伏毛。花期4～5月，果期9～10月。

【分布】国内分布于江苏、浙江、江西、福建、湖北、湖南、广东和广西。

【趣味知识】

（1）锦绣杜鹃木材致密坚硬，可作为农具、手杖及雕刻之用。

（2）根、叶和果可作药用，有治利尿、驳骨、祛风湿，治跌打腹痛、止血等效果。锦绣杜鹃叶花可以提取芳香油。

（3）成片栽植，开花时浪漫似锦，万紫千红，可增添园林的自然景观效果。

吊钟花 *Enkianthus quinqueflorus*

【**别名**】山连召、白鸡烂树、铃儿花

【**招引鸟类**】暗绿绣眼鸟

【**植物特征**】灌木或小乔木；叶聚生枝端，革质，椭圆形、椭圆状披针形或倒卵状披针形，稀披针形；伞形花序具3~8花；花冠淡红、红或白色，宽钟状。蒴果卵圆形；果柄直立。花期3~5月，果期5~7月。

【**分布**】国内分布于江西、福建、湖北、湖南、广东、广西、四川、贵州、云南，国外分布于越南。

【**趣味知识**】

（1）吊钟花朵朵成束，好似铃铛吊挂，花白粉色，妖嫩媚人，晶莹醒目，花期正值元旦、春节，长期以来作为吉祥的象征。

（2）具有减肥消斑、美容养颜，去火、平肝明目等功效。同时对肾亏、肾虚引起的腰腿酸痛、四肢痉挛、肾重不举，坐卧难支，尿频尿浊有明显的治疗作用。

4.31 文定果科

文定果 *Muntingia calabura*

【别名】南美假樱桃

【招引鸟类】灰喉山椒鸟、白头鹎、红耳鹎、远东山雀、暗绿绣眼鸟

【植物特征】常绿小乔木。树皮光滑较薄，灰褐色。叶片纸质，单叶互生，长圆状卵形。掌状，花期长，花瓣5枚，白色，倒阔卵形，全缘。盛花期3～4月，周年有果成熟，6～8月为果熟期。花可零星开至10月底。花后20天左右果色转红，盛果期在6～9月，这种边花边果现象可一直持续到12月初。

【分布】国内分布于海南、广东、福建等地，原产热带美洲、西印度群岛。

【趣味知识】

（1）文定果是一种可食用的野果，成熟色泽鲜艳，果肉柔软多汁，可直接用手挤在嘴里吃，风味独特。

（2）文定果树形、枝叶、花和果实均具有很高的观赏价值，适合作行道树、庭园树、诱鸟树等。

4.32 鹤望兰科

旅人蕉 *Ravenala madagascariensis*

【招引鸟类】叉尾太阳鸟、暗绿绣眼鸟

【植物特征】常绿乔木状多年生草本植物，植株较高大；树干像棕榈；叶2行排列于茎顶，像一把大折扇，叶片长圆形，似蕉叶。花序腋生。蒴果开裂为3瓣；种子肾形；被碧蓝色、撕裂状假种皮。

【分布】原产于非洲，我国广州、海南和台湾有少量栽培。

【趣味知识】

（1）株形飘逸别致，可作为大型庭园观赏植物用于庭院绿化，地栽孤植、丛植或列植均可，在北方地区可室内盆栽观赏。

（2）由于叶鞘呈杯状能贮存大量水液，其树液亦可饮用，供旱漠旅人提供紧急的水源。

4.33　蝎尾蕉科

蝎尾蕉 *Heliconia metallica*

【别名】赫蕉、鹤蕉

【招引鸟类】叉尾太阳鸟

【植物特征】多年生草本；叶片长圆形，顶端渐尖，基部渐狭，叶面绿色，叶背亮紫色。花序顶生，直立，花序轴稍呈"之"字形弯曲，花被片红色，狭圆柱形。果三棱形，灰蓝色，内有种子1～3颗。

【分布】原产于委内瑞拉，我国广东、云南、厦门、北京等地有引种。

【趣味知识】

蝎尾蕉株形美观，花枝挺拔，特别是花序形状酷似蝎尾，其独特的造型引人注目，可作园林景观绿化布置，又可作盆栽观赏，更是上等的鲜切花材料。

4.34　美人蕉科

美人蕉 *Canna indica*

【别名】蕉芋

【招引鸟类】红耳鹎、白头鹎、黑脸噪鹛、暗绿绣眼鸟

【植物特征】植株全绿色；叶片卵状长圆形，总状花序疏花；花红色，单生。蒴果绿色，长卵形，有软刺；花果期3～12月。

【分布】原产于印度，中国南北各地有栽培。

【趣味知识】

（1）花大色艳、色彩丰富，株形好，栽培容易。观赏价值很高，可盆栽，也可地栽，装饰花坛。

（2）能吸收二氧化硫、二氧化碳等有害物质，具有净化空气、保护环境作用。

（3）茎叶纤维可以作为制造人造棉、麻袋、绳子的原材料，可以用来织麻袋、搓绳；叶片可以提取出来芳香油，剩下的残渣还可以用来作为造纸的原材料。

（4）根茎清热利湿，舒筋活络；治黄疸肝炎，风湿麻木，外伤出血，跌打，子宫下垂，心气痛等。

4.35　金缕梅科

红花荷 *Rhodoleia championii*

【别名】红苞木

【招引鸟类】橙腹叶鹎、红胸啄花鸟、叉尾太阳鸟、暗绿绣眼鸟

【植物特征】常绿乔木，高大；叶厚革质，卵形，头状花序，常弯垂；花瓣匙形，红色。头状果序，有蒴果5个；蒴果卵圆形，果皮薄木质；种子扁平，黄褐色。花期3～4月。

【分布】广东中部及西部。

【趣味知识】

（1）红花荷材质适中，花纹美观，耐腐，是家具、建筑、造船、车辆、胶合板和贴面板优质用材。

（2）红花荷花美色艳，花量大，花期长，12月下旬至翌年春3月红花满树，蔚为壮观，为良好的庭园风景树和优良的木本花卉。

4.36　桑寄生科

川桑寄生 *Taxillus sutchuenensis*

【别名】桑寄生

【招引鸟类】北灰鹟、橙腹叶鹎、红胸啄花鸟、暗绿绣眼鸟

【植物特征】灌木；嫩枝、叶密被褐色或红褐色星状毛，小枝黑色，无毛，具散生皮孔。叶近对生或互生，革质，卵形、长卵形或椭圆形。总状花序1～3生于小枝落叶腋部或叶腋，花红色，密集呈伞形，花序和花均密被褐色星状毛；果黄绿色，椭圆状，果皮具颗粒状体。花期6～8月。

【分布】产于云南、四川、甘肃、陕西、山西、河南、贵州、湖北、湖南、广西、广东、江西、浙江、福建、台湾。

【趣味知识】

　　具有药用价值，主治补肝肾，强筋骨，除风湿，通经络，益血，安胎。治腰膝酸痛，筋骨痿弱，偏枯，脚气，风寒湿痹，胎漏血崩，产后乳汁不下等。

4.37　野牡丹科

印度野牡丹 *Melastoma malabathricum*

【**别名**】麻叶花、老鼠丁根、野广石榴、催生药、野牡丹

【**招引鸟类**】白头鹎

【**植物特征**】灌木；茎钝四棱形或近圆柱形，分枝多。叶片坚纸质，披针形、卵状披针形或近椭圆形。伞房花序生于分枝顶端，近头状；花瓣粉红色至红色，稀紫红色，倒卵形；蒴果坛状球形。花期 2～5 月，果期 8～12 月，稀 1 月。

【**分布**】国内分布于云南、广西、广东、福建、台湾；国外可见于中南半岛至澳大利亚。

【**趣味知识**】

（1）花苞陆续开放，花期可达全年，观赏价值高。有园林绿化的作用。

（2）果可食；全草消积滞，收敛止血，散瘀消肿，治消化不良，肠炎腹泻，痢疾；捣烂外敷或研粉撒布，治外伤出血，刀枪伤。又用根煮水内服，以胡椒作引子，可催生，故又名催生药。

4.38　酢浆草科

阳桃 *Averrhoa carambola*

【**别名**】洋桃、五稔、五棱果、五敛子、杨桃

【**招引鸟类**】白头鹎、红耳鹎、暗绿绣眼鸟

【**植物特征**】乔木；树皮暗灰色，内皮淡黄色，奇数羽状复叶，互生；花小，背面淡紫红色，有时粉红或白色；浆果肉质，淡绿色或蜡黄色，有时带暗红色，种子黑褐色。花期4～12月，果期7～12月。

【**分布**】中国南方地区有栽培。原产于马来西亚、印度尼西亚，广泛种植于热带各地。

【**趣味知识**】

（1）有很好的经济价值。制作小农具；果实可食用，或加工渍制成咸、甜蜜饯之用

（2）药用价值大，可治疗多种疾病。

（3）营养丰富，维生素多。

（4）有很好的观赏作用，可制作成盆栽。

4.39 闭鞘姜科

闭鞘姜 *Hellenia speciosa*

【别名】广商陆、水蕉花

【招引鸟类】暗绿绣眼鸟、叉尾太阳鸟、朱背啄花鸟

【植物特征】多年生草本植物；叶片长圆形或披针形。穗状花序顶生，椭圆形或卵形。蒴果稍木质，红色；种子黑色，光亮。花期7～9月，果期9～11月。

【分布】国内分布于台湾、广东、广西、云南等省区；国外广布于热带亚洲地区。

【趣味知识】

（1）生长快、适应性强，为较好的速生造林树种。

（2）树皮和叶可提栲胶。果可生食或酿酒。果核可作活性炭原料。茎皮纤维可作绳索。

（3）树皮和果入药，有消炎解毒、止血止痛之效，外用治大面积水火烧烫伤。

4.40 五味子科

五味子 *Schisandra chinensis*

【别名】北五味子

【招引鸟类】红耳鹎、白头鹎、暗绿绣眼鸟

【植物特征】落叶木质藤本；幼枝红褐色，老枝灰褐色。叶膜质，宽椭圆形、卵形、倒卵形，宽倒卵形，或近圆形。花被片粉白或粉红色，长圆形或椭圆状长圆形。聚合果，小浆果红色，近球形或倒卵圆形；种子肾形，淡褐色，种皮光滑。花期5～7月，果期7～10月。

【分布】国内分布于黑龙江、吉林、辽宁、内蒙古、河北、山西、宁夏、甘肃、山东。国外分布于朝鲜和日本。

【趣味知识】

（1）五味子为著名中药，其果含有五味子素及维生素C、树脂、鞣质及少量糖类。有敛肺止咳、滋补涩精、止泻止汗之效。

（2）叶、果实可提取芳香油。种仁含有脂肪油，榨油可作工业原料、润滑油。茎皮纤维柔韧，可供绳索。

[1] 马少伟，刘志发，林石狮. 适用于南岭保护地的乡土引鸟植物苦楝
（*Melia azedarach*）生态景观营造构想[J]. 绿色科技,2021,23（08）:
7-8.

[2] 文才臻，林石狮，叶自慧. 乡土引鸟植物铁冬青 *Ilex rotunda* 在华南地
区的生态景观营造初探[J]. 广东园林，2021，43（01）: 27-30.

[3] 孙延军，王一钦，林石狮. 珠三角区域引鸟园林花卉调查与生态景观
设计建议[J]. 广东园林，2019，41（01）: 4-9.

[4] 俞婷，韦希，陈宏辉，等. 彩叶乡土引鸟植物乌桕景观构建探讨——
以宁波奉化为例[J]. 现代园艺，2018（19）: 102-104.

[5] 伍勇，余金昌，黄小凤，等. 东莞植物园引鸟植物使用现状与景观建
设分析[J]. 现代园艺，2018（15）: 115-116.

[6] 伍勇，黄小凤，余金昌，等. 乡土引鸟植物红花荷属类群的观赏价值
浅析与应用[J]. 林业科技通讯，2018（07）: 70-72.

[7] 林石狮，王晓明，张寿洲，等. 吸引野生鸟类、蝶类的乡土食源植物
虾子花（*Woodfordia fruticosa*）生态景观营造实践[J]. 生物学杂志，
2018，35（01）: 111-114.

[8] 孙延军，林石狮，蒋永萍，等. 华南地区公园绿地鸟栖植物初步调查研究[A]. 中国风景园林学会2017年会论文集[C]. 北京：中国建筑工业出版社，2017：341-346.

[9] 林石狮，郑小兰，刘军，等. 城区小型平地公园如何吸引鸟类——以深圳荔枝公园为例[J]. 广东园林，2017，39（04）：68-73.

[10] 林石狮，廖亮，何文，等. 优良鸟类食源植物冬红*Holmskioldia sanguinea*的生态景观营造实践[J]. 广东园林，2017，39（01）：71-75.

[11] 王兆东，林石狮，曾尚文，等. 优良乡土景观和引鸟植物红鳞蒲桃的特性及繁殖研究[J]. 现代园艺，2016（21）：23-24.

[12] 邱敏婷，陈玉婷，王嘉怡，等. 乡土生态修复和鸟媒植物山乌桕和圆叶乌桕栽培技术综述[J]. 现代园艺，2016（21）：27-28.